朗姆酒三种不同的拼法（rum，rhum，ron）表明了它的同一特征，即诞生于加勒比地区及17世纪的第一批美洲殖民地区。这种以甘蔗汁（农业）或糖蜜（工业）为原料的蒸馏酒，一经问世便取得了巨大的成功，吸引了包括很多名人在内人士的品鉴记录。朗姆酒的历史与殖民地时期的种植园及臭名昭著的奴隶贸易密不可分，与20世纪海盗和水手的传奇故事也有一定的关联。本书将带您踏上一段探寻朗姆酒的奇妙旅程，了解它的历史、制作工艺、现有的主要品种，以及一些代表了朗姆酒产业高成就的著名品牌。本书的最后选取了部分经典朗姆酒和部分以朗姆酒为基酒的创意鸡尾酒，介绍了它们的制作流程并配以由静物摄影师——法比奥·佩特罗尼（Fabio Petroni）拍摄的精彩图片。

朗姆酒

历史，趣闻，潮流，鸡尾酒

[意] 乔凡娜·莫尔登豪尔　著
[意] 法比奥·佩特罗尼　摄影
李祥睿　周倩　陈洪华　译

中国纺织出版社有限公司

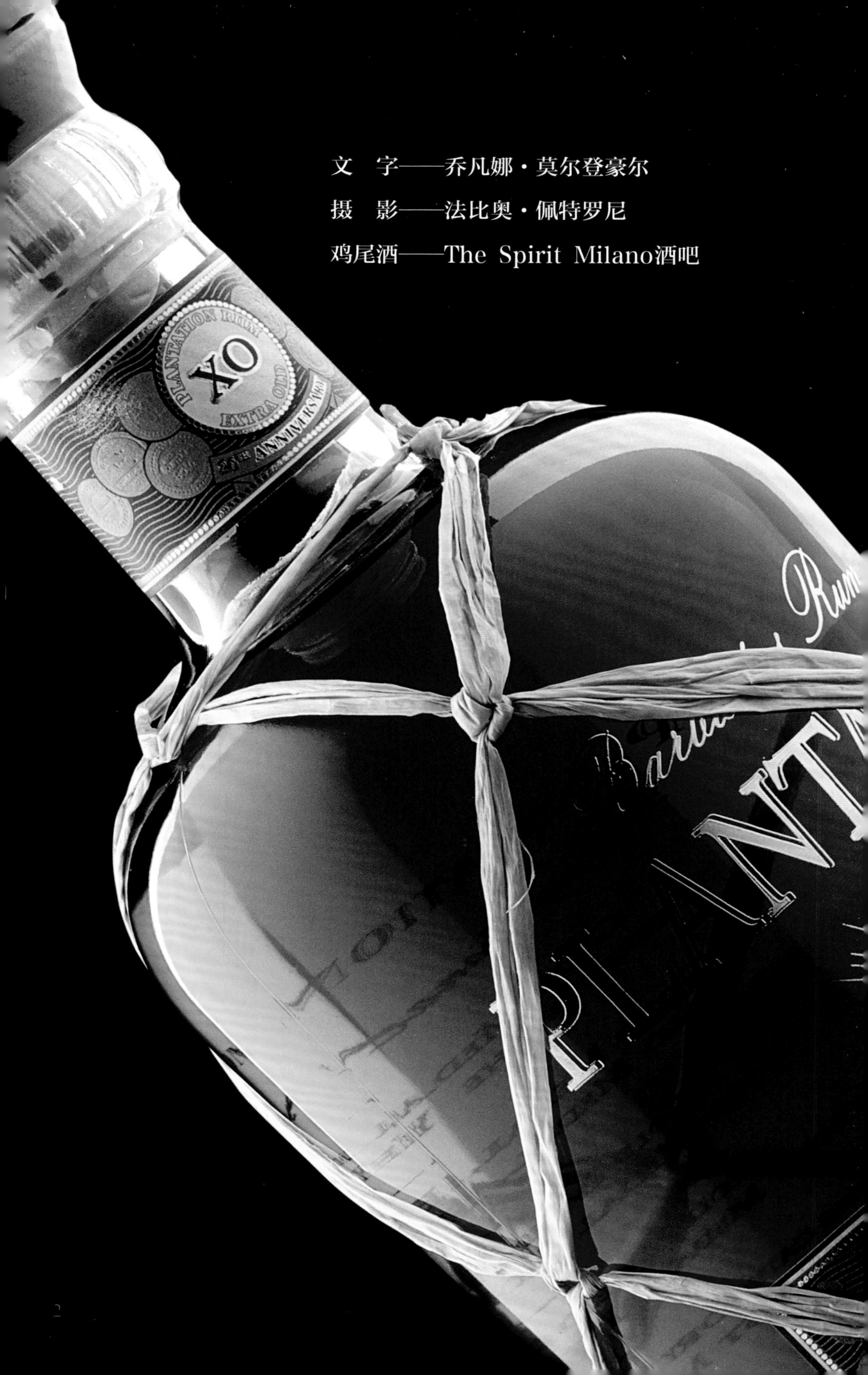

文　字——乔凡娜・莫尔登豪尔

摄　影——法比奥・佩特罗尼

鸡尾酒——The Spirit Milano酒吧

目录

朗姆酒的介绍 4

单词“Rum”的词源和朗姆酒的起源 8

朗姆酒的生产过程 16

来自世界各地的41种朗姆酒 23

加勒比农业朗姆酒 26

美洲朗姆酒 50

“异域风情”朗姆酒 102

鸡尾酒 114

朗姆酒的介绍

朗姆酒拥有独一无二的香味，迷人又血腥，哀伤又奇妙。目前，朗姆酒正历经一场革新。源于加勒比地区的朗姆酒，与欧洲的殖民地扩张有着密切的联系。自1655年起，之后约三百年的时间，英国皇家海军一直定期配给海员朗姆酒；后来朗姆酒声名远播，残忍的海盗和商人大量掠夺以及交易朗姆酒来牟利。与此同时，一些开明人士建议采用新的加工方式来改善朗姆酒的口感。17世纪后期，玛丽–加兰特岛上的传教士博尔·拉巴使用法式蒸馏器，提升了朗姆酒的口感；19世纪30年代，前任海关检查员埃涅阿斯·科菲（Aeneas Coffey）发明了柱式连续蒸馏器并申请了专利，大大提高了朗姆酒的产量，降低了制酒成本，还因此发明了淡朗姆酒。

当代的酿酒厂为生产出高品质的朗姆酒，可先选择合适的蒸馏技术，既可连续蒸馏也可间歇蒸馏，或是兼取两者；再选择单柱、双柱或是多柱蒸馏器。最后，将酒置于木桶中陈酿来提升口感。

20世纪末的广告，设计者是捷克艺术家阿尔丰斯·穆夏，新艺术的倡导者。

FOX-LAND
Jamaica Rum
DIEU ET MON DROIT
Mucha

当今朗姆酒的市场千变万化，前景广阔。为让您感受朗姆酒的魅力，我们收集了40多个品牌的朗姆酒，这些产品几乎均由权威酒厂出品，其中的一部分大受欢迎，另一部分具有很高的品牌价值。我们的选择考虑到了地理因素、生产工艺，以及产品的市场定位，例如经过特殊的发酵工艺和权威蒸馏方式。每款朗姆酒都配有详细的资料，包括技术参数、品鉴记录、酒厂历史、原料选择、生产工艺和陈酿技术。

此外，我们还介绍了15款新品鸡尾酒。这些鸡尾酒以展示每种朗姆酒的风土人情为出发点，从经典之中获取灵感，再糅合现代手法进行重新调配。配方由专业调酒师团队提供，他们创造了具有国际化口感的混合饮料，以替代经典陈年的、18℃条件下饮用的复合朗姆酒或加冰饮用的完美白朗姆酒。

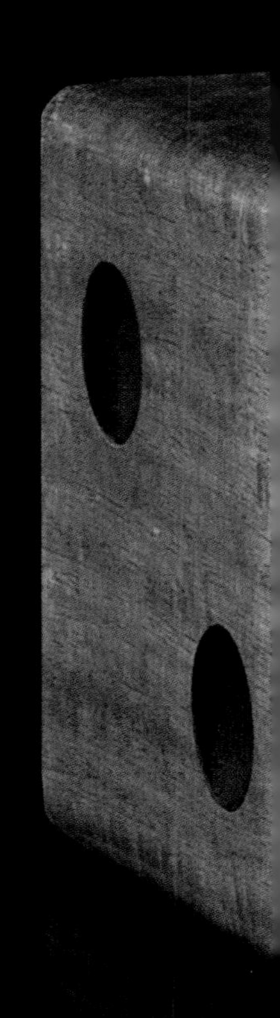

单词"Rum"的词源和朗姆酒的起源

根据原产国的官方语言，朗姆酒有三种拼法，分别是"Rum"、"Rhum"和"Ron"。最初，这种饮品也被称为"Rumbowling"或"Rumbullion"，在英语和法语中通常指蒸馏锅炉发出的噪声（单词rumble和boil在英语中分别指隆隆声和沸腾，bouillir在法语中的含义是煮）；也有理论表明，这个名字可能仅仅是英语单词甘蔗（sugarcane，Saccharum officinarum）的缩写。此外，还有一种词源猜想可追溯到1655年，当时皇家海军每日配给船员朗姆酒，这不可避免地导致主甲板上发出隆隆声。1731～1740年，朗姆酒的配给量作出了正式的规定，由升到降，后来逐渐淡化。英国皇家海军持续配给海员朗姆酒，累计总量惊人，直到1970年7月31日，皇家海军才废除了每日定量供应朗姆酒的惯例，切断了朗姆酒与英国海军之间长达几个世纪的联系。

根据定义，朗姆酒是糖蜜或甘蔗汁经过发酵、蒸馏得到的饮品。因为甘蔗是许多大宗商品的来源，这一禾本科植物几个世纪以来一直受人关注，例如，在阿拉伯人看来，它含有治疗功效的糖分。这种饮品产生于17世纪，而在19世纪正式得名朗姆酒。

为了更深入地了解朗姆酒这段惊心动魄的历史，我们有必要从蒸馏的历史开始研究。

历史研究表明，这种发酵饮品似乎是古印度和中国人的发明。《马可波罗游记》记录了13世纪马可波罗在亚洲的见闻，其中提到了在某地（大概在今天的伊朗地界）盛行的一种甜酒。阿拉伯人也发现了蒸馏的秘密，不过首个关于甘蔗汁蒸馏物的记载出现在15世纪的英国，人们起初使用印度甘蔗，后来改用美洲甘蔗。

欧洲移民者开始建立种植园和工厂来生产糖，这使得加勒比地区的甘蔗种植如雨后春笋般迅速增加。17世纪上半叶在加勒比地区，人们发现糖蜜可以发酵再蒸馏，于是这种蒸馏物在当时被称为Rumbullion。特别是在巴巴多斯，有一种蒸馏技术可

1823年，由威廉·克拉克（William Clark）创作的版画
描绘了西印度群岛朗姆酒酿酒厂中的场景。

以生产出酒精含量高、杂质少的饮品，在1651年对此就有文字记载：“他们在岛上制造的主要是Rumbullion，别名Kill-Divil，这种酒是用甘蔗汁蒸馏制成的，是一种烈性的、地狱般可怕的酒。”朗姆酒由此诞生！

但是，传教士博尔·拉巴是推动朗姆酒革新的关键人物。17世纪末，他从法国，更确切地说是从干邑地区，运来蒸馏设备送到玛丽–加兰特岛，专门用来生产朗姆酒。以这位法国传教士的名字命名的朗姆酒（我们在书中介绍这款酒的59°版本和一款以此为基酒的鸡尾酒——昂斯拉库夫）仍然在由加勒比岛上最古老的酒厂生产。

每个殖民者都以当地的蒸馏传统影响着朗姆酒的生产，提高了朗姆酒的质量，柔化了朗姆酒的口感，形成了朗姆酒的

这幅由威廉·克拉克创作的版画描绘了19世纪上半叶西印度群岛的朗姆酒酿酒厂外的工作场景。

风格，其中某些风格仍保留至今。在英属圭亚那（原英国殖民地，即今圭亚那合作共和国）和其他加勒比岛屿，人们主要采取间歇蒸馏再混合的方法；在专门制作陈酿的西班牙殖民地，人们通常使用制作雪莉酒的传统索莱拉系统；而在马提尼克岛、瓜德罗普岛、玛丽–加兰特岛、法属圭亚那和法属圣多明戈（今海地共和国）等法国殖民地，朗姆酒的生产最大的不同在于使用发酵甘蔗汁而非糖蜜。

生产工艺的不断改进显著提升了朗姆酒的口感，降低了其酒精含量。朗姆酒在欧洲和北美地区大受欢迎，使得产量不断增加。加勒比地区的原住民因为由欧洲带来的疾病而几近灭绝，于是殖民者便利用奴隶贸易，获得新的劳动力去大面积种植甘蔗或是在甘蔗加工厂工作。至此，朗姆酒开始在欧洲与北美、加勒比地区和非洲之间的贸易中扮演着重要的角色，这其中也涉及一些不光彩的商品、食品和人口交易。这种蒸馏酒在最初被种植园主用来支付他们的仆人和奴隶费用，同时也在没有药物的情况下用作止痛药。朗姆酒贸易的成功也导致了越来越多的走私者和海盗为掠夺货物，而去攻击航海的船只。

18世纪末至19世纪末，由于朗姆酒不断提升的品质、美妙而诱人的口感以及越加丰富的品种，几个中美洲和南美洲国家在加勒比殖民地生产的朗姆酒在国际市场上的需求量急剧增加，推动了朗姆酒的传播，使其大获成功。到了20世纪，朗姆酒的命运因两次世界大战、美国的禁酒令和古巴革命而发生了改变。如今，朗姆酒主要在毛里求斯、马达加斯加和留尼汪岛等前殖民地国家和地区生产，同时开辟了日本等新产地，为追求高品质的消费者提供了更广泛的选择。

甘蔗的历史：从起源到传播与种植

甘蔗起源于马来西亚。约8000年前，甘蔗开始从东南亚传入印度。公元前6世纪，波斯人入侵印度发现了甘蔗，把它引入了自己的国家。大约在公元前3世纪，亚历山大大帝的军队征服了波斯，成为第一批见到这种植物的欧洲人。然而古希腊罗马时期的人们对这一植物只有非常模糊的认识。希罗多德和泰奥弗拉斯多都曾提到有一种甘蔗蜜与蜂蜜不同，是由人工制造的。公元637年，阿拉伯人也发现了甘蔗，后来，阿拉伯人将甘蔗又从埃及传到巴勒斯坦，再于9世纪传入西班牙和西西里岛。1420年，葡萄牙人在马德拉岛建立殖民地后，又将甘蔗带到亚述尔群岛、加纳利群岛、佛得角群岛和西非。1493年，在哥伦布的第二次航行中，他把甘蔗带到伊斯帕尼奥拉岛（现在的多米尼加共和国）；欧洲殖民者又把甘蔗从伊斯帕尼奥拉岛传入中美洲和古巴、牙买加、马提尼克岛和瓜德罗普岛，这些岛屿后来被称为“糖岛”。

甘蔗属于禾本科植物，这个家族中还包括小麦、玉米和黑

对植物学的深入研究可追溯到19世纪末。
右上角是一段甘蔗茎（Saccharum officinarum）。

麦。甘蔗的起源是大茎野生种（Saccharum robustum），而目前栽培的主要品种是秀贵甘蔗（Saccharum officinarum），由不同的甘蔗品种杂交而成，不仅株高健壮、抗病性强、生长周期短，而且含糖量高。

炎热潮湿的2～8月，最适宜甘蔗苗的种植与生长，在这种气候环境下，甘蔗茎完全成熟时会含有极高的糖分，这样的甘蔗汁才能酿出最高品质的朗姆酒。此外，种植甘蔗的土壤环境对此并无影响。

甘蔗是一种多年生植物，标准的生长周期为14～16个月，主要通过栽植种苗进行繁殖。甘蔗茎可高达4米，蔗茎的颜色从绿色长到黄色再慢慢变成紫色。甘蔗一旦成熟，顶端会开出箭头状的花序，花期通常在甘蔗生长的第12～13个月之间，此时甘蔗的含糖量会不断增加。

收割甘蔗时，要用砍刀尽可能贴近地面割下茎秆。在某些地区，为了赶走蛇以及清理枯叶，人们保留着提前放火烧地的习惯。每次收割后，原茎上会重新长出茎秆，但几年之后（4～7年）植株就会变老，必须重新栽种。为了获得优质的甘蔗汁和糖蜜，甘蔗茎必须在砍下后的12～36小时内送到加工厂加工，防止甘蔗干透，汁液流失。

甘蔗的加工有两种方法。第一种方法是通过研磨甘蔗生产出糖和糖蜜（糖蜜molasses一词源于葡萄牙语melaço，是一种黏稠的深色糖浆，是制糖过程中的副产品，尽管蔗糖含量很高，但不会结晶），糖蜜的品质和含糖量与糖的产量成反比。从甘蔗第一次研磨出的汁液中获得的糖蜜品质最好，就像酿酒一样，它的技术等级是A级。第二种方法是将甘蔗压榨成汁（甘蔗汁在法语中是vesou，在西班牙语中是guarapo），然后直接用来发酵，无须再制糖。用甘蔗汁酿制农业朗姆酒，要先将甘蔗汁提纯，再进行过滤，然后倒入酒厂的发酵罐里。

加勒比地区的一些岛屿仍然种有非杂交的甘蔗品种，用来大批量生产高品质的朗姆酒，比如海地的红白甘蔗、马提尼克岛的Malanoi甘蔗及用来酿制农业朗姆酒的法国Rubanee和Cristalline甘蔗。农业朗姆酒产量的增加，导致一些新的杂交甘蔗品种的出现，这些品种专门用来酿制朗姆酒，例如蓝胡子品种（蓝甘蔗），用来生产单一蒸馏酒（如马提尼克的52.5°尼松白朗姆酒）。因为甘蔗汁生产的季节性，人们研发出了浓缩糖（也就是常说的糖浆或糖蜜），可以长期保存，最重要的是，全年都可以用来蒸馏。如芭班库酒厂在甘蔗的生长季，便用浓缩糖进行蒸馏。

朗姆酒的生产过程

朗姆酒通过甘蔗汁或糖蜜发酵蒸馏而成，一些特定的产品还需经过陈酿（大多数在木桶中）以及最后的调配。短短几个步骤的背后，是一个充满技术和魅力的世界。人们通过自身的准备、文化和创造力发现，在这个世界里，自己对每个步骤的诠释都会影响最终的成品。

原料

朗姆酒的生产原料包括甘蔗汁、糖蜜、酵母和水。前面我们已经了解了甘蔗从生长到加工成甘蔗汁或糖蜜的过程。下一步是酵母的选择：先通过分析酸碱度来评估酵母的发酵效果，再根据甘蔗汁或糖蜜的品种选择合适的酵母。最后是水的选用：通常都是选用纯净的泉水。在糖蜜发酵的过程中，有时会根据浓度的需求加水稀释（通常是在糖度过高时，或是为了降低蒸馏后的酒精浓度），例如白朗姆酒，就是通过雨水稀释而成。

糖蜜中的含糖量并不固定：随着制糖工业技术的进步，糖蜜的含糖量不断减少，从而降低了发酵后的酒精浓度。正如之前提到的，糖蜜的品质与糖的产量成反比。

酿酒厂会投入大量的精力选择酵母，因为从添加酵母的那刻起，决定朗姆酒香气和品质的过程便开始了。一些酒厂倾向于利用天然酵母（甘蔗表面附着的）进行发酵；而另一些酒厂会在产品说明中指出，使用的是酿酒酵母（也可用于葡萄酒的酿制）。啤酒酵母有时也可用来酿制农业朗姆酒。

发酵、蒸馏和陈酿

除了酵母的选择，整个加工过程和发酵时长（发酵过程将糖转化为酒精，产生了二氧化碳和热量）也会影响成品的效果。发酵一般在开口罐或密封罐中进行，时长由厂家酿制的朗姆酒的类型决定，有的可以持续2～3天，有的可以持续10天甚至12天。短时间的发酵产生的香气温和，芳香化合物较少；而长时间的发酵则会产生大量的芳香化合物，使得之后蒸馏出的朗姆酒口感浓郁，风味独特。在整个发酵过程中，酒厂会控制周围的温度，以确保酵母适中的发酵速度。

起初，所有的朗姆酒都通过铜制间歇蒸馏器生产。到了19世纪后期，人们开始使用柱式蒸馏器（连续型）。为了更好地理解蒸馏过程，我们要先知道酒有不同的类型，由淡到浓，对应着不同的香味。蒸馏过程中酒精浓缩与水分离，此时酿酒师可将芳香物质进行分类处理。

间歇式蒸馏器（也称壶式蒸馏器，通常为梨形），蒸馏过程分几个阶段进行：首先，将发酵后的液体注入蒸馏器中煮沸，蒸汽一旦冷凝，便会形成低酒精浓度的液体；接着，酿酒师会掐去“酒头”（最早蒸馏出的含有毒物质，气味难闻的液体），再从后蒸馏出的“酒尾”中提取出富含酒精、水和芳香物质的“精华”液体（被称为“酒心”）。至于要花多长时间来提取“酒心”，则取决于酿酒师想要保留的芳香物的多少，酿制酒的浓淡，锅炉的尺寸以及当前的酒量。正如Velier的创始人卢卡·加尔加诺（意大利经销商，有20多年的烈酒经销经验）所言，这种至今仍受青睐的古老工艺，酿造出了纯正的单一朗姆酒，不仅原汁原味，也是酿酒师艺术的结晶。但是到了19世纪，为提高朗姆酒产量来满足日益增长的市场需求，人们发明了柱式蒸馏器。1830年，埃涅阿斯·科菲完善了连续蒸馏器并申请了专利，这种蒸馏器有两根相连的柱（一个用于蒸馏，一个用于精馏），发酵后的液体从一端流入，蒸馏液从另一端流出。这种设备可以将易挥发的酒精和水从易溶组分（如盐和有机物）中分离出来，再从蒸馏物中找到特定的芳香物；然后将液态酒精从酒精和水的混合物中分离，这样过淡的“酒头”和过浓的“酒尾”就成功地被剔除了。这种设备蒸馏出的通常是淡朗姆酒，所含成分仍然相当复杂且具有一定的发酵性，使得酒液芳香越加明显。随着技术的不断提升，人们又发明了三柱和多柱蒸馏器，在酿酒师的操作下可生产出不同类型的朗姆酒。

在20世纪初，法属西印度群岛的人们组装了一些特殊的单柱蒸馏器，这些蒸馏器被称为“克里奥尔”，用来生产农业朗姆酒。如果蒸馏柱短小粗壮，那么朗姆酒的口感醇厚，酒精含量低；反之，朗姆酒口感清淡，层次分明。萨瓦勒的“克里奥尔”蒸馏柱蒸馏出的朗姆酒芳香浓郁，成分也更加复杂。卢卡·加尔加诺也表示，克里奥尔柱蒸馏出的朗姆酒成分更为丰富，因为其中芳香物复杂性更接近壶式蒸馏器中的朗姆酒，而非通过多柱蒸馏器得到的产品。

有时酿酒师酿制的朗姆酒由两种不同蒸馏设备产出的蒸馏液混合而成，通过同时使用间歇壶式蒸馏器和科菲连续蒸馏器，既可以生产出瓶装的白朗姆酒，也可以生产木桶陈酿的黑朗姆酒，二者之间能够保持完美的平衡。

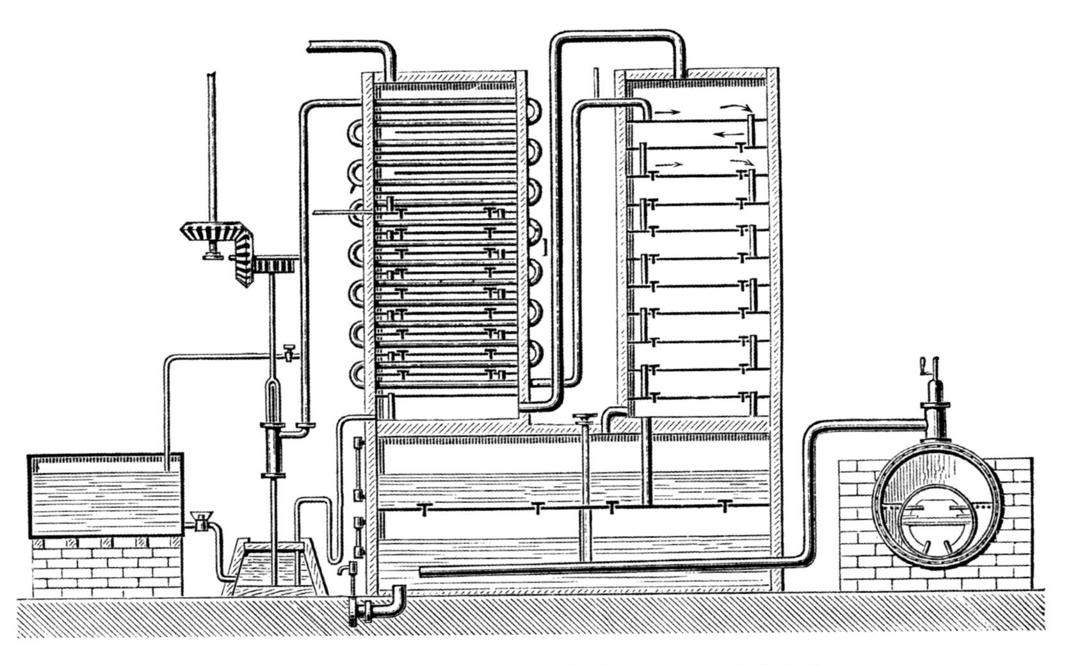

1830年，爱尔兰人埃涅阿斯·科菲（Aeneas Coffey）发明了这套设备用于连续蒸馏。

蒸馏的最后阶段，朗姆酒逐渐透明，带有一种难以辨认的芳香。下一步，将朗姆酒置于先前存放过波旁威士忌或其他蒸馏酒或是葡萄酒的木桶中陈酿。陈酿的时间长短不一，根据热量的高低，时间从几年到二十年不等。大约会有7%的朗姆酒在此阶段蒸发，人们把这点损耗称为“天使之份”。陈酿过程开始之前，人们通常烧焦木桶内部以刺激蒸馏物在最初几天与空气发生反应，就像在让蒸馏物吸收氧气，来提升酒中香草、香料、巧克力、椰子和咖啡的香气。木桶的孔隙导致了氧化作用的发生，使朗姆酒产生颜色，而颜色的变化则取决于在木桶中存放的时间。

陈酿朗姆酒的风格由木桶的品种决定。海地的芭班库酒厂一直以来选用利木赞橡木，这种橡木自带的大气孔既增加了

芭班库（Barbancourt）酒厂的酒桶是用利木赞橡木制成的。
这种橡木富含单宁，也用于陈酿干邑白兰地，
有利于朗姆酒在木桶中的陈酿。

朗姆酒与氧气之间的接触，也产生了不同的芳香物质。一些国家受西班牙雪莉酒陈酿方式的影响，朗姆酒也选择索莱拉（Sorela）系统进行陈酿。木桶层层堆叠，每次只将酒倒入顶层的木桶。一年之后，顶层木桶里的酒流入下一层木桶，再继续向顶层木桶中倒入新酿的朗姆酒，往往复复，直至底层的木桶被填满。准备饮用时，从底层木桶中取出不同年份混合的朗姆酒，然后继续往顶层木桶中补上等量的朗姆酒。

调配和装瓶

生产到最后，每一桶朗姆酒都有不同的口感，无论是陈酿朗姆酒还是新酿朗姆酒皆是如此。酿酒厂需要生产满足不同标准和酒精含量的产品，此时酿酒师的作用无比重要。为满足特定的标准，酿酒师需要从不同的木桶中取出不同年份，不同酒精含量的朗姆酒，再进行调配。在巴巴多斯、牙买加、安的列斯群岛和法属圭亚那，对于使用索莱拉系统酿造的陈酿朗姆酒，需要标注平均年份，而其他方式酿造的朗姆酒则需标最早的年份。我们将由不同年份以及不同陈酿时间的朗姆酒调配而成的酒称为“混合朗姆酒”，而如果是由陈酿时间相同的朗姆酒调配而成的，则成为“陈酿酒”。

调配完成后，在酒中加入软化水来降低酒精含量，以达到投放市场的需求。为使瓶中的朗姆酒保持纯净，需将酒水混合冷却至零下，再进行过滤，最后完成装瓶。

AVANNA
GUADELOUPE
Rhum
XO
LANTATION
70 cl
RHUM
Rhum
Damoiseau
MIS EN BOUTEILLE
A LA DISTILLERIE
40°
RHUM AGRICOLE
DE LA
GUADELOUPE
APPELLATION D'ORIGINE
FRANCE

来自世界各地的
41种朗姆酒

朗姆酒的选择

我们选择了41种不同类型的朗姆酒，主要基于两个标准：首先是地理因素；其次是在该制作方法下，酿酒师和勾兑师能将原材料（一般指原材料本身）转化成高质量的产品。在这趟徜徉朗姆酒世界的旅程中，我们将接触到加勒比海的农业朗姆酒，美洲的朗姆酒以及来自神奇的南半球和亚洲国家的产品。大部分产品由权威酒厂出品，质量上乘。

自18世纪以来，瓜德罗普、海地、玛丽–加兰特和马提尼克等法国殖民地用供给本国的甘蔗产糖。到了19世纪，拿破仑·波拿巴鼓励种植欧洲甜菜以保证法国糖的供应，这使得加勒比地区的甘蔗种植减少，从而降低了酒厂可用的糖蜜量。朗姆酒生产商不得不改用鲜榨甘蔗汁酿酒，最终开发出农业朗姆酒。随着时间的推移，生产工艺不断发展，但酿酒的原材料不变。因此，只有在酒标上注明产地时，才能使用农业朗姆酒一词。

美洲国家的朗姆酒各具当地特色。巴巴多斯自18世纪以来，便同时使用间歇蒸馏器和柱式蒸馏器进行蒸馏，而百慕大朗姆酒的风格则在19世纪下半叶由高斯林家族创造；在哥伦比亚，人们用通过索莱拉系统陈酿12年的朗姆酒来生产混合朗姆酒，这也是萨尔瓦多唯一的酒厂用来生产以糖蜜为原料的朗姆酒的方式；在哥斯达黎加，人们生产陈酿时间长的朗姆酒（超过10年）；清朗姆酒（Ron Ligero）的生产工艺在古巴代代流传，而危地马拉则生产中等酒体的朗姆酒，通常置于高海拔地区进行陈酿；圭亚那使用从德麦拉拉（Demerara）蔗糖提取出的糖蜜作为酿酒的原材料；海地曾经是加勒比地区最大的糖和朗姆酒生产国，如今共有500多家手工酒厂和独家酿酒厂，有时限量生产朗姆酒；牙买加拥有官方的朗姆酒分类系统，可通过特定的发酵和蒸馏技术生产出超烈型的朗姆酒；在墨西哥，朗姆酒的生产在融合古老传统的同时使用现代化的设备；近年来，尼加拉瓜生产的不同年份混合的朗姆酒大受欢迎。通过不同年份的陈酿获得的馏出物越来越受欢迎；巴拿马陈酿朗姆酒的种类繁多，而秘鲁则使用一种由索莱拉系统生产的古方；波多黎各的朗姆酒生产必须遵守生产规范，非常注重酒的原料和风格并尊重相关的法规；在多米尼加共和国，朗姆酒大师会精心挑选每一种朗姆酒（通常是陈酿朗姆酒）的酒桶和陈酿方式；圣卢西亚当地的小酒厂一般使用先前存放过高品质的波旁威士忌的木桶进行陈酿，而在特立尼达和多巴哥，朗姆酒的生产则通过柱式蒸馏器蒸馏，再置于木桶中陈酿；委内瑞拉以在橡木桶中陈酿的深琥珀色朗姆酒而闻名。

通过日本的发酵技术生产的朗姆酒以及留尼汪岛采用漫长而特别的发酵过程生产的朗姆酒同样有趣，且更具异域风情；马达加斯加的朗姆酒含有当地特有的香草味道，而在毛里求斯，朗姆酒则是用纯甘蔗汁制成的，两地生产的朗姆酒风格迥异。

在过去，朗姆酒通常被认为具有法式、英式或西班牙式的风格，由于使用的原材料和生产工艺不同，每种风格都各具特色。如今，广阔而多样的世界让朗姆酒变得更加复杂多变而迷人，这趟在不同品牌中穿梭的旅途将带大家领略朗姆酒世界的精彩。

加勒比农业朗姆酒

达姆耶索40° 白朗姆酒（Damoiseau Blanc 40°）

赛维林酒庄XO朗姆酒（Domaine de Séverin XO）

雷曼尼百岁特调白朗姆酒（Reimonenq Cuvée Spéciale Blanc Centenaire）

芭班库8年特别珍藏（Barbancourt Réserve Spéciale 8 Ans）

克莱林・卡西米尔3.1（Clairin Casimir 3.1）

比勒威尔朗姆酒2009（Bielle Vieux 2009）

拉巴特神父59（Père labat 59）

Pmg白朗姆酒（Rhum Rhum Blanc Pmg）

尼松白朗姆酒（Neisson Blanc）

圣詹姆斯陈酿（Saint James Vieux）

三河 海洋特酿（Trois Rivières Cuvée de l'Ocean）

这一部分，我们将展示来自加勒比地区的一系列农业朗姆酒。瓜德罗普的朗姆酒有三种：业内领先的达姆耶索酒厂生产的40° 白朗姆；由历史悠久的家族企业生产的6年陈酿赛维林酒庄XO（Domaine de Séverin XO）以及雷曼尼白朗姆酒（Reimonenq Blanc）为庆祝酒厂创办100周年生产的特调朗姆酒。

海地的朗姆酒有两个特别的代表：克莱林（Clairin）朗姆酒，这种将有机种植的甘蔗经过间歇蒸馏酿制出的拥有惊人芳香的产品，被认为是加勒比地区最后一种天然朗姆酒；芭班库朗姆酒（Barbancourt）酒厂至今仍沿用由来自夏朗德的创始人在1862发明的配方进行陈酿。在离瓜德罗普岛不远的玛丽-加兰特岛上，我们可以找到比勒（Bielle）朗姆酒，是2009年酿制的农业朗姆酒，世界上最正宗的朗姆酒之一；拉巴特神父（Père labat）朗姆酒，由岛上最古老的酿酒厂生产，限量发售59° 版本；朗姆朗姆酒（Rhum Rhum）是通过用蒸馏大师安尼·维托里奥·卡波维拉（Gianni Vittorio Capovilla）设计的特制蒸馏器进行蒸馏，酿制出的从入口到回味都在刺激味蕾的蒸馏酒。最后，我们还介绍了三种来自马提尼克岛的特别朗姆酒：尼松白朗姆酒（Neisson），以岛北部的一种不寻常的蓝色甘蔗为原料，酒精浓度为52.50° ；圣詹姆斯陈酿（Saint James Vieux），通过二次蒸馏，在无梗花栎橡木桶中陈酿3～6年而酿成；三河（Trois Rivières）朗姆酒，以生长在马提尼克岛最南端沿海地带的甘蔗为原料，使用柱式蒸馏器蒸馏而成。无论使用何种生产方法，这些农业朗姆酒的香味始终有趣而丰富，因为其中的芳香物质一直保持不变。

GUADELOUPE
Rhum
RHUM BLANC
Rhum
Damoiseau
MIS EN BOUTEILLE
A LA DISTILLERIE
40°
BELLEVUE
RHUM AGRICOLE
DE LA
GUADELOUPE
APPELLATION D'ORIGINE
FRANCE
40% vol
70 cl

达姆耶索40°白朗姆酒

（Damoiseau Blanc 40°）

原产国：瓜德罗普（法属）	类型：农业朗姆酒
生产商：赫尔韦·达姆耶索	生产过程：利用单柱蒸馏器进行连续蒸馏，再置于先前存放过波旁威士忌的无梗花栎橡木桶中陈酿3～6个月。
酒精度：40%	
容量：70 cl	

达姆耶索家族在瓜德罗普经营贝尔维尤酒厂，酒厂就在格兰德泰尔岛的勒穆勒城外。自1942起，他们一直在尊重法属安的列斯群岛的原产地和传统的基础上，生产高质量的农业朗姆酒。作为瓜德罗普农业朗姆酒生产的领导者，达姆耶索家族每年的产量超过200万升，其中75%分布在瓜德罗普和加勒比海地区，达姆耶索家族在这两个地区和法国市场获得了巨大的成功，是这些地区消费量最大的农业朗姆酒。酒厂收到甘蔗，首先检查甘蔗的状态、新鲜度和重量，验证甘蔗的pH值来确保产品的质量，以及向供应商付出相应的款项。这种朗姆酒只用甘蔗汁酿制，甘蔗经过充分压榨后加入酿酒酵母，在35℃的温度下发酵24～36小时。蒸馏后，将酒精含量约为70%的白朗姆直接存放在容量为10000～60000升的木桶中3～6个月。在此陈酿阶段，易挥发的成分会在通风和混合时蒸发。装瓶前，需在酒中兑水使酒精浓度降至40度。

品鉴记录

色泽：晶莹剔透。

香气：打开时一股甘蔗的清甜，接着是一阵芳香并伴有一丝辛辣。

口感：味干，浓淡适宜，浓浓的异国风情。

余味：柔和而持久。

推荐饮用方式：加冰。

SAINTE ROSE - GUADELOUPE
CONCOURS GÉNÉRAL AGRICOLE
MÉDAILLE D'OR
PARIS 2016
DOMAINE DE
SÉVERIN
XO
RHUM VIEUX AGRICO
DE LA GUADELOUP
Distillé, élevé et mis en bouteille par
Distillerie Séverin
97115 Sainte Rose
70cl

赛维林酒庄XO朗姆酒
（Domaine de Séverin XO）

原产国：瓜德罗普（法属）
生产商：马绍尔家族
酒精度：45%
容量：70 cl
类型：农业陈酿朗姆酒
生产过程：利用单柱蒸馏器进行连续蒸馏，再置于先前存放过波旁威士忌的木桶中陈酿6年，取出后进行调配。

1928年，亨利·马绍尔创建了赛维林（Severin）酿酒厂，酒厂坐落于法国安的列斯群岛中瓜德罗普岛，在圣玫瑰市（Sainte Rose）的一片郁郁葱葱的绿树下。马绍尔家族的祖先在1635年左右和第一批法国移民一起来到瓜德罗普岛，他们从1893年开始生产朗姆酒。从那时起，赛维林酒庄的故事和经历就代代相传，桨轮便是这个传统的象征。为替换从18世纪开始就用的老旧设备，酒厂于1933年购进了桨轮，至此赛维林酒厂使用桨轮（是法国安的列斯群岛最后使用桨轮的酒厂）利用工厂附近的水流发电来加工甘蔗，直到2010年才被新能源代替。赛维林是由家族经营的酿酒厂，目前仍为原家族所有。酒厂自己装瓶加工的白朗姆酒，是当地最好最纯正的白朗姆之一。

品鉴记录

色泽：淡琥珀色，晶莹剔透。

香气：优雅的香草和香蕉味慢慢在玻璃瓶中升腾。

口感：口感顺滑，有强烈的烘烤味，紧接着是香草和糖的味道。

余味：圆润，略干而微辣。

推荐饮用方式：直接饮用。

雷曼尼百岁特调白朗姆酒（Reimonenq Cuvée Spéciale Blanc Centenaire）

原产国：瓜德罗普（法属）
生产商：雷曼尼家族（Reimonenq family）
酒精度：50%
容量：70 cl

类型：农业白朗姆酒
生产过程：原材料为纯甘蔗汁，经过柱式蒸馏，最后在钢罐中发酵15个月而成。

雷曼尼酿酒厂于1916年在法国安的列斯群岛的瓜德罗普岛上成立，很快就专门从事由纯甘蔗汁酿制的农业朗姆酒的生产。如今，在雷曼尼酿酒厂成立一个多世纪后，利奥波德·雷曼尼（Leopold Reimonenq）和他的家族借助现代设备，延续了蒸馏的工匠传统。该庄园20万平方米的甘蔗作物，加上其他当地作物，使得这个法国殖民地最小的酿酒厂每年有30万升朗姆酒的产量。甘蔗的收获、切割和碾磨都由电磨完成；甘蔗汁在不密闭的罐中发酵24～48小时，然后在一个特殊的柱式蒸馏器中蒸馏（通过电热交换器加热而非直接加热）：这样可以避免蒸馏出的“酒头”中有难闻气味，更精确地控制酒精含量，注重蒸馏出“酒心”（即法语中的“cœur de chauffe”）。蒸馏出的白朗姆酒浓度应为60°或70°，这样的朗姆酒质量最好。接着把酒倒入钢制的容器中，最后在各种尺寸的木桶中陈酿。在长时间的陈酿过程中，需搅拌朗姆酒以获得丰富的芳香；同时，在这15个月内，酒精含量会慢慢降低，朗姆酒变得更顺滑。这款朗姆酒是为了庆祝酿酒厂成立一百周年而生产的，酒厂还为此建了一座朗姆酒博物馆。

品鉴记录

色泽：干净澄澈。

香气：清新而芳香。先是有青柠和甘蔗的清新，然后是柔和的花香，最后是青草、桃金娘和刺柏的混合气息。

口感：强劲的果香扑鼻而来，带有浓郁的胡桃味，口感丰富，并不刺激。

余味：干甜。

推荐饮用方式：加冰或者用来调制利奥波德鸡尾酒。

芭班库8年特别珍藏（Barbancourt Réserve Spéciale 8 Ans）

原产国：海地
生产商：蒂艾里·嘉德乐和他的儿子们
酒精度：43%
容量：70 cl

类型：农业朗姆酒珍藏
生产过程：在间歇式铜制净化蒸馏器中进行两次蒸馏，再置于先前存放过干邑白兰地的利木赞白橡木桶中陈酿8年。

1862年，来自法国夏朗德的杜普雷芭班库（Dupre Barbancourt），完善了以酒厂名字命名的朗姆酒配方：在间歇式铜制蒸馏器中使用了查伦泰（Cha-entais）的双蒸馏方法（当时只用于酿造最好的干邑白兰地），来获得一种独特的产品；芭班库朗姆酒一经问世，便在全世界获得了无数的奖项和荣誉。杜普雷芭班库是海地最大的酿酒厂，一直为家族所有，目前由家族第四代蒂艾里·嘉德乐管理，之后会由家族第五代（即他的儿子们）接手。这家酿酒厂拥有120万平方米甘蔗作物以及400多名农业工人，来生产芭班库朗姆酒。手工收割的甘蔗压榨四次得到甘蔗汁，然后与一种特殊的酵母混合，发酵36～48小时。除了需要掌握娴熟的工艺之外，这种朗姆酒的独特之处在于，它只在法国白橡木桶中陈酿（与岛上生产的其他朗姆酒不同）。这种材质的木桶与其他种类相比，有更大的气孔，促进了蒸馏酒和氧气的最佳接触。这款朗姆酒的酒标上标有特别珍藏和5星标识，其优点是将独特的细节融入到生产过程中。将它添加到任何一款饮品中，都能提高饮品的质量。干爽的口感和轻盈的酒体与加勒比岛上的辛辣食物是一种完美结合。

品鉴记录

色泽：明亮的金色。

香气：气味优雅而复杂，有蜂蜜、青苹果、杏、姜和少许苏特恩白葡萄酒的味道。

口感：如丝般柔滑，口感复杂，带有一丝杏酱、橘子果酱、大麦糖、牛轧糖、甘蔗汁、姜的味道。

余味：姜和蜂蜜的持久回味。

推荐饮用方式：直接饮用或者加冰。

克莱林·卡
西米尔3.1
（Clairin
Casimir 3.1）

CLAIRIN CASIMIR
RHUM PUR JUS DE CANNE
53,4% vol.
Distillerie Faubert Casimir
Barraderes - Haiti
70 cl ℮

原产国：海地
生产商：海地烈酒厂
酒精度：53.40%
容量：70 cl

类型：单一农业朗姆酒
生产过程：间歇式蒸馏，装瓶时的酒精量与蒸馏出时的酒精量保持一致。

1979年，福伯特·卡西米尔（Faubert Casimir）接手了他父亲邓肯（Duncan）在巴拉迪尔的工作。福伯特有机种植了50万平方米的夏威夷白甘蔗和夏威夷红甘蔗，没有使用除草剂、化肥或杀菌剂等合成化学品。甘蔗丰收后，严格地手工收割完全成熟的甘蔗，用动物拉车从地里运到圣米歇尔·德·帕塔拉耶（Saint Michel de P'Attalaye）的海地烈酒厂。获得纯甘蔗汁后，进行至少120小时的自然发酵。在这个过程中，福伯特加入香茅叶、肉桂，当然还有姜（这就是克莱林朗姆酒成为地道优质海地朗姆酒的原因）。他们使用极其古老的蒸馏技术，用带有不超过5个铜盘的蒸馏器进行间歇式蒸馏，蒸馏时直接与火焰接触。然后不需过滤，直接将产品装瓶，装瓶时的酒精量与蒸馏出时的酒精量保持不变。该酿酒厂还有其他的许多产品，如卡西米尔（Casimir）、瓦瓦尔（Vaval）、索茹（Sajous），他们使用了不同品种的甘蔗，不同的发酵和蒸馏工艺，不同的生产技术和芳香原材料，但重要的是，他们凭借艺术和工匠的生产方法，都从海地532家酿酒厂（尽管一些规模较小）生产的众多朗姆酒中脱颖而出。

品鉴记录

色泽：无色，水晶般透明。

香气：先是姜和肉桂的香气，接着是甘蔗汁、成熟的威廉梨和淡淡的黑胡椒味，最后渐渐变为甘草、肉豆蔻、丁香、柠檬和柠檬草的混合香味，香味极其复杂。

口感：口感微妙，初尝是桃子、梨、花、香料的味道，以青草芳香结尾，紧接着给人以甘蔗、常春藤、玫瑰的清甜。

余味：回味悠长，带着一丝虎尾香的辛辣和治愈感，有甘蔗的植物气息和青苔、常青藤的青草气息。又略带玫瑰、覆盆子、杏子和果酱的味道，辛辣的姜、肉桂、胡桃油和杏仁的芳香在空杯中萦绕。

推荐饮用方式：直接饮用或者用来调制男爵萨米迪鸡尾酒。

RHUM BIELLE
Rhum Vieux Agricole
NON FILTRÉ
Distillé, mis en vieillissement
2009
Soutiré en 2013
MARIE GALANTE
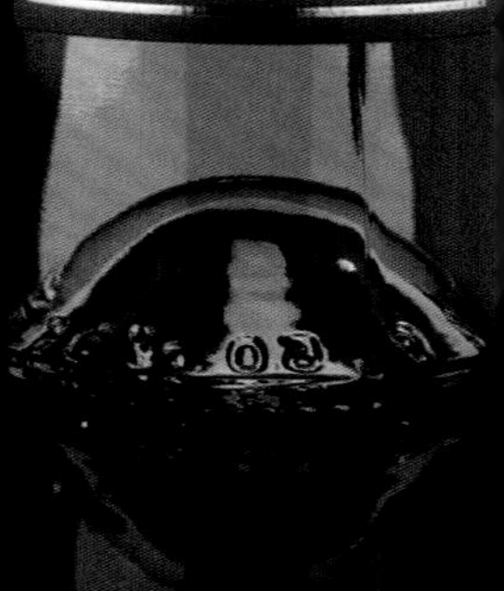

比勒威尔朗姆酒2009

（Bielle Vieux 2009）

原产国：玛丽–加兰特岛（法属）
生产商：比勒酒厂
酒精度：42%
容量：50 cl

类型：农业陈酿朗姆酒
生产过程：利用古老的三柱蒸馏器进行蒸馏，再置于先前存放过干邑白兰地的木桶中陈酿，无须过滤。

1769年，让·皮埃尔·比勒（Jean-Pierre Bielle）在加勒比小岛玛丽–加兰特的中心建立了比勒酒厂，位于海拔110米的高原上。20世纪80年代，多米尼克·蒂埃里（Dominique Thierry）与家族继承人重聚，重建了酿酒厂。他们决定保留老糖厂的遗迹作为历史纪念，并创建了一个露天博物馆，用来保存曾经的制糖设备。在100多名农民的劳动下，当地的50万平方米土地出产了不同古老品种的甘蔗，当时甘蔗的运输仍然是用牛车进行的。在过去的10年里，这家酿酒厂成为了该岛无可争议的行业领头羊。如今，他利用古老的工匠技术生产农业用朗姆酒，是传承传统的典范。比勒酒厂的另一特色是，甘蔗收获后，他们并不会为了驱赶蛇和除掉杂草而去烧田，由于跳过了这一步骤，比勒朗姆酒可以避免含有烧焦的味道。

品鉴记录

色泽：金黄中带有明显的暗琥珀色。

香气：从甜而成熟的黄色水果味慢慢变为香料味，特别是肉桂和潜在木材的味道明显，丰富了酒香层次。

口感：干爽、温暖、饱满、圆润。

推荐饮用方式：直接饮用。

RHUM BLANC
AGRICOLE
PÈRE
LABAT
59
ISLE DE MARIE-GALANTE
70 cl.
59% vol.

拉巴特神父59
（Père labat 59）

原产国：玛丽–加兰特岛　　容量：70 cl
生产商：泊松酿酒厂　　类型：农业朗姆酒
酒精度：59%　　生产过程：在单柱蒸馏器中进行连续蒸馏。

这款农业朗姆酒代表着历史性的品牌，其名称直接来源于让·巴普蒂斯特·拉巴特（Jean Baptiste Labat），或者更为人们熟知的拉巴特神父（Père Labat）。当这位法国传教士到达马提尼克岛后，他潜心研究杜特瑞神父创造的蒸馏法。随后，这位传教士将自己的研究付诸实践，对一个从法国运来的白兰地蒸馏器进行改良，用来生产朗姆酒，最后他研究出了拉巴特蒸馏器，这是17世纪末法国安的列斯群岛上的第一个蒸馏器。小泊松酒厂位于大布尔格，是玛丽–加兰特岛上最古老的酒厂，酒厂生产出的拉巴特神父朗姆酒是一种极为芳香的手工朗姆酒，质量上乘，优雅精致。酒厂至今仍保留着古老的蒸馏器，随着时间的推移，这些蒸馏器逐渐与更加现代化的蒸馏系统相连。这种59°农业朗姆酒以纯甘蔗汁为原料，通过柱式蒸馏器蒸馏而成，限量发售。

品鉴记录
色泽：晶莹剔透。
香气：有着微妙的香气，带有明显的水果味和新鲜的植物气息。
口感：口感顺滑，味道复杂，高浓度的酒精微妙地诠释着优雅的芳香。
余味：回味持久。
推荐饮用方式：直接饮用或用来调制昂斯拉库夫鸡尾酒。

rhum
rhum
PMG
RHUM BLANC AGRICOLE
MARIE GALANTE

Pmg白朗姆酒
(Rhum Rhum Blanc Pmg)

原产国：玛丽-加兰特岛（法属）
生产商：朗姆朗姆（Rhum Rhum）
酒精度：56%
容量：70 cl
类型：单一农业朗姆酒

生产过程：用由蒸馏大师吉安尼·维托里奥·卡波维拉（Gianni Vittorio Capovilla）设计，在德国的米勒工坊制作出的特制蒸馏器蒸馏两次；酒精浓度降至56%。

Pmg白朗姆酒由座落于玛丽-加兰特岛的比耶伊酒厂生产，使用由卡波维拉设计，在德国的米勒工坊制作出的特制蒸馏器蒸馏而成。在2005～2007年，这些特制蒸馏器分别拥有300升和1200升两个容量型号，这使得蒸馏厂能够同时生产出两种不同类型的单一朗姆酒，其中就包括41°朗姆酒。Pmg白朗姆酒的原料取自一种珍贵的，自然生长的红甘蔗，用传统工具“修枝刀（coutelas）”收割，最后统一由牛车装运至蒸馏厂。在整个生产过程中，甘蔗汁完全不用水稀释，也无任何化学成分和酸化剂的添加。甘蔗汁在恒温不锈钢罐中发酵5～6天后再进行双蒸馏，并用天然雨水将酒精浓度下调至56%。在装瓶之前，这款朗姆酒已于不锈钢罐中稳定陈酿了1年。

品鉴记录

色泽：无色。

香气：开瓶即散发着一股桃子、梨、酒浸樱桃、覆盆子、菠萝、百香果的果香，并伴有皮革、烟草、清漆、鲜草和嫩姜的香气。

口感：口感浓郁，混合着果香和杏仁的香味，伴有诸如五香、丁香、肉桂的香料味，随后化为柚子、佛手柑、丁香和铃兰的味道，最后停留于香草、开心果和杏仁的混合香味。

余味：绵长、清爽，掺杂着蜜饯、樱桃和草莓的果香留于唇齿，天竺葵和玫瑰花瓣的香味与矿物质味道相得益彰，最后只留下八角的余香。

推荐饮用方式：加冰。

尼松白
朗姆酒
（Neisson
Blanc）

NEISSON
APPELLATION D'ORIGINE CONTRÔLÉE
MARTINIQUE
R h
le
u M
AGRICOLE BLANC
par
NEISSON
THIEUBERT-CARBET
52.5 % vol.
70 cl
MISE EN BOUTEILLES AUX DOMAINES THIEUBERT - MARTINIQUE
DÉPOSÉ
RHUM NEISSON

原产国：马提尼克群岛（法属）
生产商：尼松
酒精度：52.50%
容量：70 cl

类型：农业朗姆酒
生产过程：用萨瓦勒铜制柱式蒸馏器进行连续蒸馏。

尼松是位于拉卡贝（La Carbet）渔村外的一家小型酿酒厂，成立于1931年，如今由格雷戈里·尼松·韦尔南（Grégory Neisson Vernant）经营，作为尼松家族的第三代传人，格雷戈里也是该岛上最后一位蒸馏大师。尼松酒厂的甘蔗原料均来自于自营的40万平方米的种植园，这些作物生长在酒厂周围的火山土壤中，靠近大海，适宜的气候是作物完全生长成熟的理想条件。尼松致力于培育多种自生甘蔗：马拉内瓦（Malanoi），胡巴内（Rubanée）和克里斯达内（Cristalline）。经过多年的努力，这三种甘蔗如今已达到了马提尼克岛农业朗姆酒AOC的要求。纯蓝色甘蔗的汁发酵时间长，在单柱蒸馏器中进行连续蒸馏的时间达到72小时，这是法国安的列斯群岛出产的蒸馏时间最长的朗姆酒，因此也赋予这款朗姆酒扑鼻的香气和独特口感。格雷戈里目前正在自己的酒厂中试验生产精选的本地酵母。52.50%的尼松白朗姆酒通过1938年的萨瓦尔铜制柱式蒸馏器蒸馏而成，蒸馏的温度为73℃。整个蒸馏过程都由酿酒师用他那一丝不苟的态度和几近疯狂的热情亲自操作，该酒的酒精含量很低，其目的是为了生产出成分更加复杂的朗姆酒。品鉴版朗姆酒的原料选用的是蓝甘蔗，这种甘蔗就种植在酿酒厂周围的田地里。尼松还出品了另外两款经典的白朗姆酒，50° 尼松白朗姆酒和55° 尼松白朗姆酒，以及绿色精神朗姆酒（L'Esprit Bio），这是一款新的白朗姆酒，装瓶时的酒精含量与蒸馏时相同，经过特别调制，酒精含量达到70%，这款朗姆酒自2016年开始生产，当时几万平方米的地都被改造成了有机土地。该朗姆酒在不锈钢罐中陈酿6个月后，酒精含量仍保持不变。

品鉴记录

色泽：清澈透明。

香气：有强烈的甘蔗、柑橘和香蕉的香气，还伴有一丝茴香混合的气味。

口感：浓郁的蜂蜜与柑橘类果香。

余味：余味强烈而绵长，带有甘草的芳香。

推荐饮用方式：加冰。

SAINT JAMES

RHUM VIEUX
SAINT JAMES 1765
SAINT JAMES
42%vol RHUM VIEUX AGRICOLE
VIEILLI EN FÛTS DE CHÊNE
Exceptionnel rhum au bouquet
subtil de notes vanillées et boisées.
1765
APPELLATION D'ORIGINE CONTRÔLÉE
MARTINIQUE

圣詹姆斯陈酿
（Saint James Vieux）

原产国：马提尼克群岛（法属）
生产商：圣詹姆斯
酒精度：42%
容量：70 cl

类型：农业朗姆酒
生产过程：使用查伦泰双蒸馏的方法在蒸馏罐中进行间歇式蒸馏，再置于无梗花栎小橡木桶中陈酿3～6年。

从事牙买加朗姆酒买卖的马赛商人保林·兰伯特（Paulin Lambert）有着极强的事业心，他于1882年建立了圣詹姆斯种植园（Plantations Saint James），注册了著名的方形瓶的名称和设计，这一品牌至今仍为人们熟知。与此同时，他买下四家酒厂，开始生产朗姆酒，他也是最早利用广告推销瓶装酒的企业家之一。他不久便成为马提尼克和法国的主要朗姆酒生产商，将朗姆酒出口到世界各地。1967年，圣詹姆斯公司被皮肯（Picon）财团收购，皮肯财团又于1971年将该公司出售给君度（Cointreau）；2003年，圣詹姆斯公司成为拉马提尼克集团的一部分。圣詹姆斯公司总经理让-克劳德·贝诺伊特（Jean-Claude Benoit）的出现是一个该公司最后40年的历史的标志，因为他拥有影响至今的一系列成就，贝诺伊特可以说是农业朗姆酒行业最重要的人物。圣詹姆斯系列产品是马提尼克岛以及整个加勒比海地区种类最多，也最完整的朗姆酒。这款朗姆酒也是传统朗姆酒，其中包含了7年、12年和15年陈酿朗姆酒品种，以及三种年份极长的古董级朗姆酒。

品鉴记录

色泽：亮眼的铜黄色中带着明显的琥珀色。

香气：橘子果酱和肉桂的味道，加上香草和黄油的甜味，还带有干饼干和茴香的味道。

口感：口感丝滑圆润，浓郁的酒精中带着各种水果的香气。

余味：清爽，丁香和肉豆蔻的味道持久萦绕。

推荐饮用方式：直接饮用。

三河 海洋特酿（Trois Rivières Cuvée de l'Océan）

原产国：马提尼克（法属）
生产商：B.B.S酿酒厂
酒精度：42%
容量：70 cl

类型：农业朗姆酒
生产过程：将纯甘蔗汁放在铜制柱式蒸馏器中蒸馏，然后置于不同产地的无梗花栎橡木桶中陈酿。

三河公司由路易十四时期的财务总长尼古拉·福凯（Nicolas Fouquet）于1660年成立，他在马提尼克岛南部买了2000万平方米的土地。然而直到110年后，土地所有权经历了各种变化，该公司才开始种植甘蔗，并开设了三家糖厂，至今还能发现一些曾经留下的痕迹。1785年，那块土地被艾蒂安·伊塞尔·马洛德·德·格罗特女士买下，她开始生产朗姆酒和糖。1905年，阿米迪·奥贝里（Amédée Aubéry）买下了三河公司，并对其实行现代化的管理，决定只生产朗姆酒。他的儿子扩大了种植园，搬迁了酿酒厂，并把重点放在了农业朗姆酒的生产上。1953年，拥有迪尤肯（Duquesne）品牌的马洛德·德·格罗特家族购回了这家公司，之后一直在迪尤肯商标下出售三河陈酿朗姆酒直至1972年。之后的几年里，马提尼克朗姆酒在国际上持续畅销，酒厂因此扩建，并引进了第二个柱式蒸馏器。1994年，已经拥有拉莫尼朗姆酒（La Mauny）的B.B.S.公司收购了这家酿酒厂，两年后，酒厂已经能大量生产达到马提尼克岛AOC（原产地命名）要求的朗姆酒。海洋特酿的生产从2月开始，根据甘蔗的含糖量，从马提尼克岛最南端的安斯特拉博的甘蔗中进行选择和收割。榨出的甘蔗汁经过过滤后放入发酵罐，在酵母的作用下发酵24小时，然后在铜制柱式蒸馏器蒸馏。在被酿酒师丹尼尔·鲍丁（Daniel Baudin）挑选使用之前，这些朗姆酒需要在无梗花栎橡木桶中陈酿，热带的气候会加速陈酿的过程。这种朗姆酒无须经过冷过滤。

品鉴记录

色泽：晶莹剔透。

香气：诱人的甘蔗香甜中带着原始矿物质的盐、碘的气味。

口感：口感浓郁，富含矿物质；它的产地靠近海洋，得名于海洋，是海洋味道与甘蔗的植物气息的完美结合。

余味：悠长深远，逐渐演变成矿物的清咸味。

推荐饮用方式：直接饮用，或用来调制巴比龙鸡尾酒。

美洲朗姆酒

多莉朗姆酒（Doorly's XO）

凯珊 波旁桶（Mount gay Black Barrel）

蔗园朗姆酒20周年纪念（Plantation 20th Anniversary）

高斯林黑封黑朗姆酒80（Gasling's Black Seal 80 Proof）

赫奇塞拉陈酿朗姆酒（La Hechicera Fine Aged Rum）

百年纪念吉安 雷加德12年朗姆酒（Centenario Gran Legado 12 Años）

圣地亚哥古巴 卡尔塔 白朗姆酒（Santiago de Cuba Carta Blanca）

茨瓦坦 索莱拉12年特别珍藏朗姆酒（Cihuatán Solera 12 Reserva Especial）

汉普登火丝绒高浓度朗姆酒（Hampden Fire Velvet Overproof）

沃西帕克庄园 朗姆酒吧 高浓度白朗姆酒（Worthy Park Rum-Bar White Overproof）

伯特兰珍藏白朗姆酒（Botran Reserva Blanca）

杜兰朵8年朗姆酒（El Dorado 8 Years Old）

索尔·塔拉斯科特级陈酿查兰达（Sol Tarasco Extra Aged Charanda）

弗洛尔德加纳 格兰7年珍藏（Flor de Caña Gran Reserva 7 Years Old）

老爷爷7年陈酿朗姆酒（Ron Abuelo 7 Años）

马尔泰科创始人20年珍藏（Malteco Reserva del Fundador 20 Años）

萨弗拉大师 21年珍藏朗姆酒（Zafra Master Reserve 21 Años）

15年特别珍藏百万朗姆酒（Ron Millonario Reserva Especial 15 Años）

唐Q陈酿朗姆酒（Don Q Añejo）

布鲁加尔极品陈酿（Brugal Exra Viejo）

马蒂总统15年陈酿索莱拉（Presidente Marti 15 Años Solera）

圣卢西亚罗德尼海军上将朗姆酒（Admiral Rodney St.Lucia Rum）

安格斯图拉1919（Angostura 1919）

外交官精选珍藏朗姆酒（Diplomático Reserva Exclusiva ）

西班牙橡木顶级陈酿（Roble Viejo Extra Añejo）

在南美洲的中部和部分地区，甘蔗的品种多样，几乎都是能够诠释百年传统的优质甘蔗。来自巴巴多斯的朗姆酒有三种：多莉朗姆酒（Doorly's XO），经过6～12年的二次陈酿混合而成；凯珊 波旁桶（Mount gay Black Barrel），在一种精选的木桶中进行陈酿；蔗园朗姆酒20周年纪念（Plantation 20th Anniversary），通过两种蒸馏器蒸馏而成。百慕大的高斯林（Gasling's）朗姆酒风格独特。来自哥伦比亚的赫奇塞拉朗姆酒（La Hechicera），使用索莱拉系统陈酿12～21年。哥斯达黎加的百年纪念吉安 雷加德12年朗姆酒（Centenario gran Legado 12 Años）则是由甘蔗汁酿成。来自古巴的圣地亚哥 古巴 卡尔塔 白朗姆酒（Santiago de Cuba Carta Blanca）是当地传统的表达；萨尔瓦多的12年陈酿茨瓦坦（Cihuatán）使用索莱拉陈酿。我们还提供了来自牙买加的两款高浓度朗姆酒：汉普登火丝绒（Hampden Fire Velvet），经过三次蒸馏；沃西帕克庄园 朗姆酒吧（Worthy Park Rum-Bar），由世界上最古老的酿酒工厂生产。危地马拉的代表是伯特兰珍藏白朗姆酒（Botran Reserva Blanca），一款由浓缩甘蔗汁酿成的朗姆酒。来自圭亚那的杜兰朵8年朗姆酒（El Dorado 8 Years Old）是用德梅拉拉（Demerara）糖蜜制成的。墨西哥的索尔·塔拉斯科（Sol Tarasco）是一款祖传的朗姆酒，也被称为“查兰达”（Charanda）。而在尼加拉瓜，我们发现了弗洛尔德加纳 格兰7年珍藏（Flor de Caña gran Reserva 7 Years Old）这款口味丰富的朗姆酒。巴拿马的朗姆酒代表主要有三个：老爷爷7年陈酿朗姆酒（Ron Abuelo 7 Años），以糖蜜为原料用多柱蒸馏器蒸馏而成；危地马拉特色的马尔泰科20年珍藏（Malteco 20 Años），以浓缩甘蔗汁为原料制成；萨弗拉大师 21年珍藏朗姆酒（Zafra Master Reserve 21 Años），是一款限量发售的朗姆酒。15年特别珍藏百万朗姆酒（Ron Millonario Reserva Especial 15 Años）分三个阶段蒸馏。唐Q陈酿朗姆酒（Don Q Añejo）是一种按照产品规格生产的波多黎各朗姆酒。来自多米尼加共和国的朗姆酒有两种：以糖蜜为原料经过8年陈酿的布鲁加尔极品陈酿（Brugal Exra Viejo），和以甘蔗汁和糖浆为原料的马蒂总统15年陈酿索莱拉（Presidente Marti 15 Años Solera）。圣卢西亚的罗德尼海军上将朗姆酒（Admiral Rodney），一款12年陈酿朗姆酒，对陈酿木桶的选择别出心裁。在特立尼达和多巴哥，我们发现了安格斯图拉1919（Angostura 1919）这款至少陈酿8年的混合朗姆酒。最后介绍的是来自委内瑞拉的两款朗姆酒：拥有60种不同朗姆酒风味的外交官精选珍藏朗姆酒（Diplomático Reserva Exclusiva），以及取“酒心”陈酿8年的橡木（Roble）顶级陈酿。

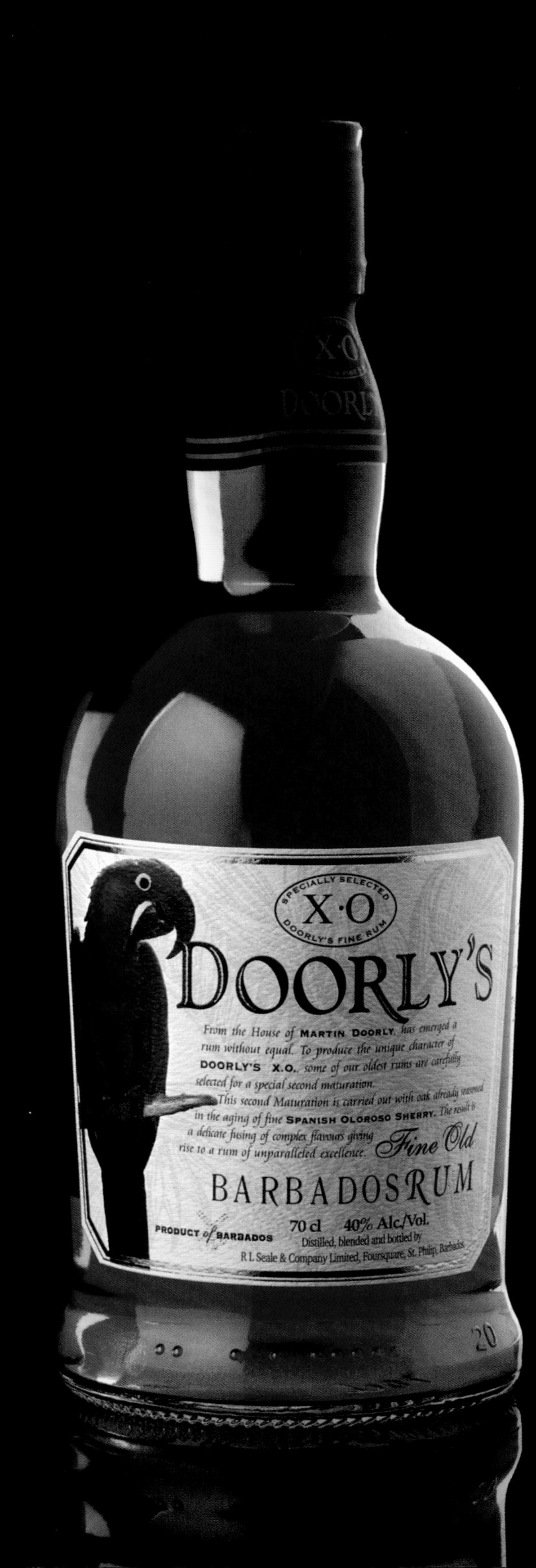
SPECIALLY SELECTED
X·O
DOORLY'S FINE RUM
DOORLY'S
From the House of MARTIN DOORLY, has emerged a rum without equal. To produce the unique character of DOORLY'S X.O., some of our oldest rums are carefully selected for a special second maturation.
This second Maturation is carried out with oak already seasoned in the aging of fine SPANISH OLOROSO SHERRY. The result is a delicate fusing of complex flavours giving rise to a rum of unparalleled excellence.
Fine Old
BARBADOS RUM
PRODUCT of BARBADOS
70 cl 40% Alc./Vol.
Distilled, blended and bottled by
R L Seale & Company Limited, Foursquare, St. Philip, Barbados

多莉朗姆酒

（Doorly's XO）

原产国：巴巴多斯
生产商：四方酒厂
酒精度：40%
容量：70 cl
类型：混合朗姆酒

生产过程：同时用科菲蒸馏器进行连续蒸馏，以及壶式蒸馏器进行间歇蒸馏，然后在木桶中陈酿6～12年，最后置于先前存放过西班牙甜雪莉酒的桶中完成陈酿。

1916年，英国殖民地巴巴多斯政府通过了《朗姆酒税法案》，这对当今朗姆酒产业的形成产生了巨大影响。该法案规定酒厂进行蒸馏时须申请蒸馏许可证，新建的酿酒厂只能售卖桶装而非瓶装的朗姆酒。因此，布里奇顿的许多贸易商都发展成了装瓶商，其中就包括马丁·多莉（Martin Doorly），其酿制的金刚鹦鹉朗姆酒率先走出国门，销往海外，多莉系列朗姆酒就是位于圣菲利普斯的四方酒厂的主打产品。理查德·希尔（Richard Seale）被认为是加勒比海区域最杰出的酿酒师，他的酿酒厂是巴巴多斯最现代化，技术最先进，同时也是最环保的酒厂。此外，它还是一座节能型酒厂，拥有岛上最先进的回收和废物处理系统。多莉朗姆酒以及其他一系列朗姆酒均是由真空蒸馏制成，因而降低了沸点，有效减少了朗姆酒中的非自然香味。在配制的最后阶段，将置于先前存放过西班牙甜雪莉酒桶中二次熟化的6～12年的陈酿朗姆酒混合，调配出成分丰富、浓郁可口的混合朗姆酒。和那些3年、5年和12年的朗姆酒一样，这款朗姆酒由糖蜜制成，并不含糖，且蒸馏和装瓶均在巴巴多斯本土完成。

品鉴记录

色泽：亮眼的琥珀色。

香气：独特而迷人的果香，混合着香料，四川胡椒、柑橘，以及烤干果的气味。

口感：浓厚醇和的口感，伴有甘蔗和榛子的味道。

余味：平和高雅，回味无穷。

推荐饮用方式：直接饮用，加冰，或配上大卫杜夫尼加拉瓜托罗雪茄。

凯珊 波旁桶（Mount gay Black Barrel）

原产国：巴巴多斯
生产商：凯珊
酒精度：43%
容量：70 cl
类型：手工朗姆酒

生产过程：利用单柱铜制蒸馏器进行二次蒸馏，接着置于内部烧制过的无梗花栎橡木桶中第一次陈酿，最后置于先前存放过波旁威士忌的烧焦的无梗花栎橡木桶中进行二次陈酿。

1703年，凯珊酒庄成立，时至今日，其产品上仍然骄傲地印着它的名字，这使它成为加勒比地区最古老的酒标之一。凯珊酒庄由巴巴多斯一位受人尊敬的商人约翰·盖伊爵士（Sir John Gay）创建，他听从身为蒸馏专家的好友约翰·索伯（John Sorber）的建议，在位于巴巴多斯岛南岸的圣迈克尔（当时被称为吉尔博亚山）建立蒸馏厂。多年过后，凯珊酒庄采用的蒸馏法已与以往大不相同，今天的凯珊酒庄拥有310多年传承下来的传统、工艺和专业知识，而波旁桶则是酿酒大师艾伦·史密斯（Allen Smith）的新作。这是一种小批量地将新酿和陈酿朗姆酒混合的酿酒工艺。这款酒以附近的种植园的甘蔗为原料，由顶级甘蔗糖蜜酿制而成。糖蜜与优质酵母混合后，通常会经过22～48小时的灭菌和发酵，然后置于单柱铜制蒸馏器中进行二次蒸馏。蒸馏完成后，所得到的朗姆酒酒精含量为95%，在放入木桶陈酿前，用来自巴巴多斯的天然泉水将酒精含量降低到68%。最后将酒水混合物置于先前存放过波旁威士忌的烧焦的无梗花栎橡木桶中完成陈酿。这一独特的酿制过程让释放出的香味辛辣得恰到好处。

品鉴记录

色泽：金黄，带有明显的琥珀色。

香气：辛辣，甘甜，混合有香草、胡椒、生姜、豆蔻等香料的芳香，残留着熟透的热带水果的香气。

口感：烈度适中，口感浓郁，强烈的辛香与香草和焦糖的味道相得益彰。

余味：强烈，余味无穷。

推荐饮用方式：直接饮用，加冰饮用或用来调制伊奇鲁甘尼（Ichirouganaim）鸡尾酒，与银色凯珊朗姆酒混合享用。

蔗园朗姆酒20周年纪念（Plantation 20th Anniversary）

原产国：巴巴多斯
产生商：西印度朗姆酒酒厂
酒精度：40%
容量：70 cl
类型：朗姆酒

生产过程：通过柱式蒸馏器和壶式蒸馏器蒸馏，先在巴巴多斯的木桶中陈酿，然后在法国的小橡木干邑酒桶中二次陈酿，最后与巴巴多斯著名的陈酿年份达12～20年的朗姆酒混合。

亚历山大·加布里尔（Alexandre Gabriel）拥有一家名为“费朗之家”的干邑酒庄。多年来，该酒庄一直与加勒比海地区最重要的几家酿酒厂保持着商业关系，向它们出售用于陈酿干邑的酒桶。亚历山大是加勒比海区域的一位富有热情的名酒鉴赏家，他发现了几小批质量和浓度都高得惊人的著名朗姆酒，这些朗姆酒通常是供酒窖主人个人饮用，或是用来与其他酒混合用的。这就是蔗园品牌诞生的由来。这款精选系列包括了为庆祝该品牌20周年而生产的蔗园20周年纪念XO，以及其他三种朗姆酒：格朗阿尼（Gran Añejo），五年陈酿（Five Years）和珍藏酒（Grande Réserve）。四款酒一齐发售，同属于招牌系列。与此同时，酒厂还推出了来自加勒比和中美洲的古董收藏朗姆酒。蔗园牌朗姆酒的一大特色是要陈酿两次，第一次是在加勒比地区，第二次是在法国的干邑地区。在加勒比地区，由于当地的气温炎热，“天使之份”可达到令人难以置信的7%。朗姆酒在先前存放过波旁威士忌的美洲橡木桶中陈酿8～10年，带来了香草和椰子的味道。蔗园牌朗姆酒随后会被运送到查伦特的邦博纳城堡，接着这批朗姆酒被存放在由法国橡木制成的皮埃尔·费朗（Pierre Ferrand）干邑小酒桶中陈酿2～10年，这让酒中多了些许单宁的味道。第二次的陈酿过程为朗姆酒增添了高雅的气息，这也是蔗园朗姆酒的特点所在。

品鉴记录

色泽：琥珀色，带有明显的红褐色。

香气：带有异域水果的芳香，伴有椰子、甘蔗、香草、蜜桔、可可和烟熏味。

口感：明显的肉桂、香草和可可味，在橡木桶中长时间的发酵让其品尝起来有一种巧克力和杏仁蛋白软糖的感觉。

余味：口感多样，余味无穷。

推荐饮用方式：直接饮用。

Gosling's
BLACK SEAL

高斯林黑封黑朗姆酒80
（Gasling's Black Seal 80 Proof）

原产国：百慕大
生产商：高斯林家族
酒精度：40%
容量：70 cl

类型：朗姆酒
生产过程：由三种不同的加勒比朗姆酒混合而成，经过3～6年的陈酿，在百慕大群岛加工混合制成。

高斯林家族的历史始于1806年，当时威廉的长子詹姆斯是葡萄酒和利口酒商人，他从英国肯特郡的格雷夫森德港出发，怀揣1万英镑前往美国。经过两年半的旅行，他在百慕大的圣乔治港上了岸。18年后，他和他的另一个兄弟一起，在首府哈密尔顿租了一家商店。3年后，第一批用无梗花栎橡木桶装的朗姆酒抵达百慕大，这些酒的年份各不相同。经过大量的混合加工试验，后来被命名为“黑封”的朗姆酒于1857年开始销售。它的成分和过去一样，是三种不同的加勒比朗姆酒的混合物，陈酿时间为3～6年，随后在百慕大群岛进行加工和混合。酒名中的酒精强度80表明，该朗姆酒的酒精度数为40%。浓郁的香草和焦糖味令这款蒸馏酒别具一格，在第一次世界大战之前，它是散装出售的，后来改为装在用黑蜡密封的香槟酒瓶里售卖，直到演变成如图的式样。高斯林的“黑封”牌朗姆酒是百慕大群岛上唯一的朗姆酒品牌，在200多年后的今天，它仍然归高斯林家族所有。百慕大的国酒“黑色暴风雨”就是由高斯林的“黑封”朗姆酒和姜味啤酒混合制成的。

品鉴记录
色泽：红褐色，带有黄铜光泽。
香气：浓郁的奶油糖果、香草和焦糖味。
口感：丰富浓郁，柔滑醇厚。
余味：浓郁强烈。
推荐饮用方式：直接饮用或用来调制卡尔德拉鸡尾酒。

N MODO · FORT

RON COLOMBIANO
LA HECHICERA
40% vol
FINE AGED RUM FROM COLOMBIA
700ml e

赫奇塞拉陈酿朗姆酒
（La Hechicera Fine Aged Rum）

原产国：哥伦比亚
生产商：赫奇塞拉酿酒厂
酒精度：40%
容量：70 cl
类型：哥伦比亚朗姆酒
生产过程：将用最好的糖蜜酿制的朗姆酒混合，再使用索莱拉系统陈酿12～21年。

在西班牙语中，赫奇塞拉是“妖姬”的意思，这种朗姆酒代表着哥伦比亚沿岸生物多样性的魅力和繁荣。酒厂先在哥伦比亚精心挑选蒸馏原料，再将蒸馏酒送到哥伦比亚沿岸的巴兰基亚，使用索莱拉系统进行陈酿，过程由吉拉尔多·米图奥卡（朗姆酒调酒大师）监督。吉拉尔多生于古巴，在革命时期开始了他的甘蔗种植生涯，经过多年的辛勤劳作，获得了大师的称号。美国对古巴的禁运令，使得古巴无法在美国销售朗姆酒，因此，古巴政府将一些最好的朗姆酒送到盟国去陈酿和装瓶，假装这些在古巴生产的酒是另一个国家制造的，目的是为了投放美国市场。吉拉尔多·米图奥卡毕生都在致力于将自己的酿酒经验和里亚斯科家族的经验相结合，里亚斯科家族二十多年来也一直在挑选加勒比海最好的制酒原料。赫奇塞拉是一种纯正的朗姆酒，没有任何添加剂，也不额外添加糖。它的顺滑口感来自人们几十年的辛勤劳作，来自木桶的神奇特性，是蒸馏酒的精华和时间的自然交换。

品鉴记录

色泽：深黄褐色，富有光泽。

香气：独特又醉人的柑橘味、咖啡烘焙味和烟草味，浓烈的橘皮香和淡淡的果香相得益彰。

口感：醇厚清新，充满活力，散发着烤面包味和香料味。

余味：优雅平和。

推荐饮用方式：直接饮用，也可搭配玻利瓦尔·贝利科索·坎帕纳雪茄。

CENTENARIO
DOCE AÑOS
CENTENARIO
RON
12
AÑOS
GRAN LEGADO
70 cl e
PRODUCTO DE COSTA RICA
40% vol

百年纪念吉安雷加德12年朗姆酒（Centenario Gran Legado 12 Años）

原产国：哥斯达黎加
生产商：ATF酿酒厂
酒精度：40%
容量：70 cl

类型：朗姆酒
生产过程：利用多柱蒸馏器进行蒸馏，再置于先前存放过波旁威士忌的白橡木桶中陈酿。

百年朗姆酒的创作过程始于对当地甘蔗的精心挑选。哥斯达黎加的热带气候和火山土壤为种植优质甘蔗创造了优渥的条件。甘蔗每15个月收割一次，人们用专用刀从茎处收割，然后将甘蔗放进压榨机里榨汁，再用酵母对其进行发酵。发酵后蒸馏液体，通过精炼和分离进行提纯。下一步将酒放入无梗花栎白橡木桶中陈酿12年，蒸馏大师会在装瓶前对其进行调配。雷加德格兰莱酒常与意大利鲜虾调味饭、蜜饯或者地道的克里奥尔风味腌猪肉进行搭配，用于制作马斯卡彭奶酪或是搭配萨克蛋糕也是不错的选择。

品鉴记录

色泽：黄褐色。

香气：香草、皮革、巧克力的味道以及桃子、杏子等成熟的果香味。

口感：入口时是巧克力和皮蜜的香味，接着是成熟的果香味，夹杂着一丝茴香和甘草的味道。

余味：甜而不腻，温和顺滑且持久的香料和烤面包的味道。

推荐引用方式：直接饮用，搭配味道醇厚的雪茄或是可可含量低于80%的巧克力。

RON
SANTIAGO de CUBA
CARTA BLANCA
PRODUCIDO Y EMBOTELLADO
EN SANTIAGO DE CUBA
POR CORPORACIÓN CUBA RON S.A.
e700 ml
38% alc/vol

圣地亚哥古巴
卡尔塔 白朗姆酒
（Santiago de Cuba Carta Blanca）

原产国：古巴
生产商：古巴朗姆酒酿酒厂
酒精度：38%
容量：70 cl
类型：朗姆酒
生产过程：利用单柱蒸馏器进行蒸馏，再置于美洲无梗花栎白橡木桶中陈酿3年。

从16世纪开始，生产和调配朗姆酒的各种方法便风行整个安的列斯群岛。在古巴，随着当地和欧洲技术的革新，一种芳香产品应运而生，人们因它味道醇厚将其命名为里格罗朗姆酒，这对其他生产浓香蒸馏酒的加勒比国家产生了不小的威胁。这种蒸馏、陈酿和调配的方法在古巴发展起来，特别是圣地亚哥，一直是里格罗朗姆酒生产艺术的最高代表。圣地亚哥古巴朗姆酒厂是古巴第一家也是最古老的酿酒厂，其历史可以追溯到1862年。这款朗姆酒由糖蜜制成，然后在精选的无梗花栎白橡木桶（其中一些有70多年的历史）中自然陈酿。热带地区的高温和湿度自然加速了酒精的蒸发以及蒸馏酒与木质物质的融合。整个生产过程都在Maestros Roneros（朗姆酒调酒大师们）的认真监督下进行，他们将不同朗姆酒的调配艺术传给了后代。圣地亚哥汇集了丰富的加勒比文化，是加勒比的文化之都。

品鉴记录

色泽：淡黄褐色，透明。

香气：弥漫着柑橘和花的清香，夹杂着淡淡的香料味。

口感：口感清淡，干爽，带有明显的果香。

余味：持久。

推荐饮用方式：直接饮用，加冰或用来调制古巴鸡尾酒。

RON de EL SALVADOR
DISTILLED IN
EL SALVADOR
PRODUCED BY
LICORERA CIHUATAN
MESOAMERICAN ART
70 cl
SOLERA
SOLERA
RUM AGED IN BOURBON CASKS FOR 12 YEARS
WE BELIEVE IN THE KINDNESS AND WISDOM OF
OUR SUGARCANE. IT HAS TAUGHT US TO GROW TOWARDS
THE SUN AND TO CULTIVATE THE FRUITS
OF THE EARTH LIKE SOMETHING SACRED

茨瓦坦 索莱拉12年
特别珍藏朗姆酒
（Cihuatán Solera 12 Reserva Especial）

原产国：萨尔瓦多
生产商：茨瓦坦酿酒厂
酒精浓度：40%
容量：70 cl

类型：陈酿朗姆酒
生产过程：利用多柱蒸馏器进行连续蒸馏，再通过索莱拉陈酿体系，将其置于先前存放过波旁威士忌的木桶里陈酿12年。

茨瓦坦酒厂位于中美洲国家萨尔瓦多，是哥伦布发现美洲大陆之前具有重要历史意义的遗址。阿兹特克人对这座城市的影响在建筑中清晰可见，公元900年至1200年间，当地的玛雅-匹普人建造了这座城市并在此安居。“茨瓦坦”意思是“女人的地方”，附近瓜萨帕火山轮廓形似一位平躺的女性，城市因此而得名。茨瓦坦酿酒厂是第一家也是唯一一家用萨尔瓦甘蔗为原材料生产优质朗姆酒的酒厂，从甘蔗的种植到最后的装瓶，所有的生产过程都需要经过严格的把控。该厂是拉卡巴炼糖厂（La Cabaña）的子公司，拉卡巴炼糖厂成立于一个多世纪前，为该地区社会和文化的发展发挥了重要作用。为了纪念他们祖先与故土和传统的紧密联系，酒厂管理人员决定将公司出售朗姆酒的部分收益用于历史遗址的修复。但由于缺乏资金，这里的研究和发掘工作一直处于搁置状态。利用索莱拉系统对朗姆酒进行陈酿有利于酒精的蒸发，促进每一桶蒸馏酒的熟化。酒厂使用先前存放过波旁威士忌的美洲橡木桶进行陈酿，确保达到木材香味和朗姆酒甜味之间的完美平衡。酒标和瓶身上展示着阿兹特克雨神和繁衍之神特拉洛克的艺术形象。

品鉴记录
色泽：红铜色。
香气：糖蜜和红糖的混合香味。
余味：持久而丰富。
推荐饮用方式：直接饮用。

SINCE 1753
HAMPDEN ESTATE
TRIPLE DISTILLED
EXCEPTIONALLY SMOOTH
JAMAICAN
WHITE OVERPROOF RUM
Manufactured and produced under excise duty law by
HAMPDEN ESTATE

汉普登火丝绒高浓度朗姆酒
（Hampden Fire Velvet Overproof）

原产国：牙买加　　容量：70 cl
生产商：赫西家族酿酒厂　　类型：高浓度白朗姆酒
酒精度：63%　　生产过程：利用铜制间歇蒸馏器三重蒸馏。

汉普登庄园于1753年在特里劳尼建立，是牙买加最古老的糖庄之一。该酒厂因酒香浓郁的100%壶式蒸馏朗姆酒而闻名于牙买加朗姆酒业，其生产的蒸馏酒一直是业内的典范。酒厂传统的生产方法就是将糖蜜发酵长达两周，使用牙买加传统方法酿制，仅用庄园内生产的酵母而非商业购买。2009年，赫西家族买下了汉普登庄园，因部分建筑在前几年被毁坏，他们重建了酿酒厂。自从酒厂的所有权更换，瓶装朗姆酒就变成了两种：一种是汉普登火丝绒高浓度朗姆酒，这是一种超浓白朗姆酒（酒精浓度很高），尽管生产工艺传统，但口感变化无穷，异常顺滑；另一种是汉普登黄金朗姆酒，这款酒以古老的生产工艺酿制，酒精度为40%。为生产“朗姆火焰”朗姆酒，酿酒厂从牙买加炼糖厂购买高质量的糖蜜，根据甘蔗收割的的糖含量和质量对糖蜜进行挑选。蒸馏过程由蒸馏大师温斯顿·里德全程监督。

品鉴记录
色泽：剔透晶莹。
香气：馥郁的花香和淡淡的果香。
口感：清爽，甜味中带有一丝菠萝和腰果的香味。
余味：丝滑，浓郁且持久。
推荐饮用方式：加冰并加入少许酸橙汁。

W.P. W.P.
WORTHY PARK ESTATE

WORTHY PARK ESTATE
EST. W.P. 1670
QUALITY DISTILLERS
THE VALE
OF LLUIDAS
GUARANTEED STRENGTH
Rum-Bar

RUM
PREMIUM
WHITE OVERPROOF

Worthy
Estate

63% VOL.
e 70CL

沃西帕克庄园 朗姆酒吧 高浓度白朗姆酒

（Worthy Park Rum-Bar White Overproof）

原产国：牙买加　　容量：70 cl

生产商：沃西帕克庄园　　类型：单一朗姆酒

酒精度：63%　　生产过程：利用双柱蒸馏器进行间歇蒸馏。

沃西帕克庄园建于1670年，坐落在牙买加中心的圣凯瑟琳镇，距金斯敦北部60千米。这家酒厂由三个不同的家族经营了340多年，酒厂从一开始就生产朗姆酒，因此被公认为世界上最古老的酿酒厂。如今，它已发展成为一家炼糖厂以及专门生产牙买加风格朗姆酒的酒厂。酒厂生产的糖蜜依靠在无梗花栎橡木桶中培养的酵母，进行两种截然不同的发酵：轻度发酵和重度发酵。在双罐净化壶式蒸馏器中进行的间歇蒸馏，使这款酒成为65°的高浓度纯朗姆单一酒。这款浓烈而奢华的朗姆酒，有着典型的岛屿风格，口感复杂，酒精浓度高，与纯正的牙买加风格完美融合。

品鉴记录

色泽：剔透晶莹。

香气：先是浓郁的甘蔗香气，接着是强烈的异国水果和酸橙的香气。

口感：酒精浓度高，口感醇厚而强烈。

余味：绵延悠长，有巧克力和香草的味道。

推荐饮用方式：加冰，或用来调制皇家波特鸡尾酒。

Ron Añejo
BOTRAN
RESERVA BLANCA

Ron Añejo
BOTRAN®
RESERVA BLANCA

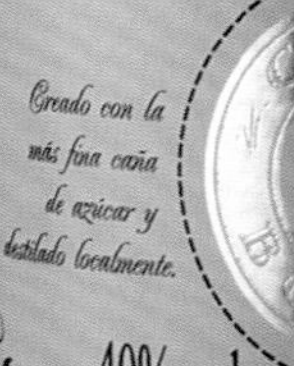
Creado con la más fina caña de azúcar y destilado localmente.

CASA BOTRAN
Elaborado bajo el Sistema Solera con rones especialmente seleccionados.
RUM
40% vol
70 cle
PRODUCTO DE GUATEMALA

Sistema
Solera

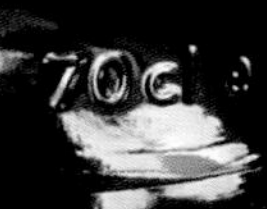
70cle

伯特兰珍藏白朗姆酒
（Botran Reserva Blanca）

原产国：危地马拉
生产商：伯特兰酿酒厂
酒精度：40%
容量：70 cl

类型：陈酿朗姆酒
生产过程：蒸馏后，采用索莱拉系统进行陈酿，先置于原橡木桶中陈酿，再放在烧制过的先前存放波旁威士忌的橡木桶中二次陈酿。

20世纪初，来自西班牙布尔戈斯的伯特兰家族的五兄弟定居在危地马拉。因为适宜的气候和火山土壤，他们开始种植甘蔗，并于1939年开始与利克雷拉克萨尔特卡公司合作生产朗姆酒。危地马拉南部海岸有一家名为图卢拉的大型甘蔗厂，工人通过切割和研磨甘蔗获得甘蔗汁，再通过蒸发得到浓度为75%的甘蔗汁，这种甘蔗汁称为米尔韦根（符合危地马拉原产地命名的规则）。为了生产朗姆酒，伯特兰使用甘蔗自带的酵母菌株将浓缩甘蔗汁发酵5天，这种酵母菌株能够将糖分转化成在成品中散发浓郁香味的物质。和其他朗姆酒一样，蒸馏后需要对这款酒进行陈酿：先是放在原桶中陈酿，接着将酒倒入轻微烧制过的先前存放过波旁威士忌的橡木桶，将酒桶置于海拔2400米的高处，利用索莱拉系统（这个过程包括将新酿朗姆酒和陈酿朗姆酒混合后再放入白橡木桶中陈酿）进行陈酿。最后，通过活性炭过滤这款珍藏白朗姆酒，这样可以去除黄褐色素，保留了陈酿朗姆酒特色的水果甜味和木材香味。

品鉴记录

色泽：剔透晶莹。

香气：入口时有香草、黄油的味道，接着是皮革、烟草的味道，夹杂着细微的熏香以及一丝白胡椒、干果的味道。

口感：口感干爽、柔滑、温暖、醇厚，散发着干果、杏仁和榛子的香气。

余味：白朗姆酒中鲜有的复杂口感。

推荐饮用方式：加冰，或用来调制纳瓦特尔鸡尾酒。

1670
EL DORADO
8
DEMERARA
40%vol
70cl

杜兰朵8年朗姆酒（El Dorado 8 Years Old）

原产国：圭亚那
生产商：德梅拉酒厂
酒精度：40%
净含量：70 cl
类型：单一混合朗姆酒

生产过程：在四个传统的蒸馏器中蒸馏，包括恩莫尔蒸馏厂原始的科菲木制蒸馏器和波特莫兰特的双罐木制蒸馏器。然后置于先前存放过波旁威士忌的无梗花栎橡木桶中陈酿，最后调配。

德梅拉酒厂成立于1670年，主要生产杜兰朵品牌和许多其他知名的朗姆酒。圭亚那其他8家酒厂关闭后，该酒厂（圭亚那唯一一家仍在运营的酒厂）接手了他们的蒸馏器。酒厂的主人叶苏佩绍德（Yesu Persaud）是一位传奇人物，他做出了接手蒸馏器这一有远见的决定，因为这些蒸馏器能够继续生产不同类型的传统朗姆酒。今天，杜兰朵朗姆酒由不同罐馏器蒸馏出的朗姆酒混合而成，因此这款酒也是传统产品的结合。圭亚那东部的德梅拉河沿岸种植的德梅拉甘蔗，非常适合用来生产德梅拉糖和朗姆酒。当然，糖蜜是由该公司自己生产的，在加勒比海大部分地区也有销售。此外，德梅拉酒厂也自己培养酵母来发酵朗姆酒。生产自己的酵母发酵其朗姆酒。酿酒厂把自己比作钻石，因为它拥有属于9种不同类型的13个蒸馏器。每个蒸馏器可以生产不止一种朗姆酒，每生产一种酒，便会被做上标记。酒厂拥有约100,000个木桶，是世界最大的木桶库存之一，桶中存放着各种类型的朗姆酒，其中一些酒的年份非常久远，人们可以通过桶上的标记来识别。杜兰朵酒上的不同酒标对应着不同标记的搭配。这些标记不仅仅是一种朗姆酒的风格，也标志着一种由不同特色组合而成的独特身份。这些搭配赋予了杜兰朵朗姆酒与众不同的多样性。

品鉴记录

色泽：明亮琥珀色。

香气：烟草和焦糖的味道，伴有淡淡的香蕉香味。

口感：顺滑，略带甜味和淡淡的木香。

余味：顺滑持久。

推荐饮用方式：直接饮用。

ANCESTRAL RUM

CHARANDA
SOLTARASCO®
HANDCRAFTED RUM
100% HIGH MOUNTAIN SUGAR CANE
GUARAPO ANCESTRAL RUM
GUARAPO - ANCESTRAL RUM
THIS RUM IS THE OLDEST SUGAR CANE DISTILLATE THAT HAS BEEN PRODUCED IN MICHOACAN MEXICO BY PUREPECHA CULTURE FOR MORE THAN 300 YEARS. THIS SPIRIT IS STILL BEING PRODUCED IN ARTISANAL CONDITIONS UNDER THE SUPERVISON OF A PUREPECHA MASTER DISTILLER
HAND-MADE

GUARAPO
1953
MEX
№ RA0004

EXTRA AGED
CHARANDA
APPELLATION OF ORIGIN
43 % ALC./VOL.

老爷爷7年陈酿朗姆酒

（Ron Abuelo 7 Años）

原产国：巴拿马 类型：朗姆酒

生产商：瓦雷拉兄弟 生产过程：利用多柱蒸馏，在精选的白色无梗花栎橡木桶中陈酿7年。

酒精度：38%

净含量：70 cl

瓦雷拉兄弟股份有限公司的创立要归功于年轻的西班牙移民唐·何塞·瓦雷拉·布兰科（Don José Varela Blanco），他于1908年搬到了巴拿马新共和国，并在佩斯埃尔蒂诺圣伊西德罗（Pesé L'Ingenio San Isidro）建立了第一家糖厂。小镇建于18世纪中叶，坐落在巴拿马市中心一个肥沃的山谷中。镇上大约有1万居民，其中大多数人靠种植甘蔗谋生。1936年，唐·何塞遵照他的三个儿子何塞·曼纽尔、普林尼和朱利奥的意愿，通过榨取甘蔗汁来酿酒。该公司一直以其卓越的品质而著称，从成立之初起就一直是巴拿马蒸馏酒业的领导者。公司拥有1200万平方米的土地，种植约75000吨甘蔗，可以同时用来榨汁以及提取糖蜜。如今，公司由家族第三代接班人管理，每年生产约100万箱朗姆酒，占全国烈酒消费的90%。老爷爷7年陈酿朗姆酒以甘蔗糖蜜为原料进行发酵，再置于精选的白色无梗花栎橡木桶中陈酿7年。

品鉴记录

色泽：稻黄色。

香气：淡淡的木头味，带有核桃和其他干果味，还伴有西梅味。

口感：焦糖味、香草味、干果味，回味时还有一股烟味。

余味：回味适中，口感清淡，有枣子和干果的味道，还有烟熏、皮革和烟草的味道。

推荐饮用方式：直接饮用，或用来调制博卡斯德尔托罗鸡尾酒。

RESERVA
DEL FUNDADOR
20
años
20

RON
ESTILO DE GUATEMALA
Malteco

GENUINAMENTE ENVEJECIDO
años
20
RESERVA DEL FUNDADOR
41% vol.

马尔泰科创始人20年珍藏（Malteco Reserva del Fundador 20 Años）

原产国：危地马拉
生产商：美洲博特
酒精浓度：41%
瓶装含量：70 cl

类型：珍藏版朗姆酒
生产过程：用手工柱式蒸馏器蒸馏，再置于先前存放过波旁威士忌的220升橡木桶中陈酿至少20年。

马尔泰科的历史始于其创始人马可·萨维奥（Marco Savio），他在一次从危地马拉到加勒比海的旅行中，决定通过在标签上设计格查尔鸟的形象来打造这个品牌。他选择了这只在前哥伦布时代受人尊敬的，拥有1米长彩色羽毛的鸟作为他的幸运符。与该系列中的其他朗姆酒一样，这款酒的酿制以从优质甘蔗中提取的浓缩甘蔗蜜为原料，这件事得到将这份古老而珍贵的危地马拉配方传承下去的朗姆酒调制大师（Maestros Roneros）的肯定，也得到了行业协会的证实。酒的生产从使用优质酵母发酵开始，然后进行蒸馏，接着将酒倒入无梗花栎橡木桶中，在山上陈酿20年，整个过程必须经过严密的监测。最后一个阶段的选择，决定了这款酒独特的风格。最后阶段，选择苏瓦10年陈酿（10-year-old Añejo Suave）、玛雅15年珍藏（15-year old Reserva Maya）和25年珍稀陈酿（25-year old Reserva Rare）进行调配，在其陈酿完成时装瓶。

品鉴记录

色泽：亮眼的琥珀色，带有明显的红褐色。

香气：香料和烟草的味道，木本和烤面包味，带有胡椒和干果的味道。

口感：甜，和谐，平衡，圆润，使人放松。

余味：辛辣，甜味，回味持久。

推荐饮用方式：直接饮用，搭配雪茄或小块烤水果。

RUM
ZAFRA

ZAFRA
MASTER RESERVE

RON
MASTER RESERVE
Añejo 21 Años

萨弗拉大师 21年珍藏朗姆酒
（Zafra Master Reserve 21 Años）

原产国：巴拿马
生产商：萨弗拉
酒精浓度：40%
容量：70 cl
类型：朗姆酒
生产过程：连续蒸馏，然后置于先前存放过波旁威士忌的木桶中陈酿21年。

在西班牙语中，萨弗拉（zafra）的意思是甘蔗的收获。这是大自然对人们几个月的奉献和辛勤劳作的奖励。甘蔗收割后，经过发酵和蒸馏，甘蔗变成朗姆酒，若再选择产品和木桶进行陈酿，则变成陈酿朗姆酒。萨弗拉品牌的创始人与巴拿马一家顶级朗姆酒生产商合作，创造了萨弗拉大师21年珍藏朗姆酒，这款酒毫无疑问地成为了他们的招牌产品。从一开始，他们就决定只使用手工采摘的甘蔗，将其转化成优质的A级糖蜜，然后用当地生产的酵母发酵。蒸馏后，陈酿过程只在精选的波旁酒桶中进行，在酿酒大师的监督下，对各个阶段精心创作，确保朗姆酒的结构完美平衡。考虑到陈酿所需时间，要先检查木桶，以保证它们处于存放蒸馏酒的最佳状态。装瓶之前，要对每个木桶与朗姆酒之间的反应进行监测，再制作小批量的限量版。

品鉴记录

色泽：深琥珀色夹杂铜色。

香气：无梗花栎橡木味为主，与优雅的深色水果、香料和薄荷醇的气息达到完美平衡。

口感：丰盈而顺滑，带有沁鼻的木香。

余味：持久，充满木质奶油味。

推荐饮用方式：直接饮用，也可搭配可可含量70%的巧克力搭配，或用来调制哇哩哇哩鸡尾酒。

RESERVA ESPECIAL
RON
PERU
ron
Millonario
SISTEMA SOLERA
15
RESERVA ESPECIAL

15年特别珍藏百万朗姆酒

（Ron Millonario Reserva Especial 15 Años）

原产国：秘鲁
生产商：罗西&罗西特雷维索
酒精度：40%
含量：70 cl
类型：珍藏朗姆酒

生产过程：分三个阶段用柱式蒸馏器蒸馏，利用索莱拉系统，置于先前存放过波旁威士忌和法国、西班牙葡萄酒的无梗花栎橡木桶中陈酿15年。

1922年左右，秘鲁贵族唐·罗兰多·皮埃拉·德·卡斯蒂略买下了糖厂和奇克莱奥庄园巨大的甘蔗种植园。他的长子奥古斯从英国化学工程专业毕业后带着一台加工糖的机器和一个蒸馏器回到秘鲁。他用原材料发明了一种配方，并将其传给了后代，这一配方中仍用先前存放过波旁威士忌和法国、西班牙葡萄酒的橡木桶进行陈酿。在兰巴耶库生产的百万朗姆酒，2004年被罗西&罗西收购了品牌以及现有产品的独家经营权，因此一直归该公司所有。酿制朗姆酒的甘蔗有两种，都是本地甘蔗，发酵过程中使用的酵母也有本地出产。蒸馏过程分为三个阶段：第一阶段在历史悠久的壶式蒸馏器中把酒精从水中分离出来；第二阶段是酒精的净化或提纯；第三阶段是去除酒头和酒尾。下一步，将蒸馏出酒倒入无梗花栎橡木桶中，用索莱拉系统陈酿长达15年，使朗姆酒具有一贯的风格和天鹅绒般的顺滑的口感。最后，用在秘鲁北部的一个小镇上种植的托奎拉纤维进行手工编织，包裹住瓶身。

品鉴记录

色泽：琥珀色中带有核桃棕色。

香气：香味从成熟的李子、无花果味到椰子、枣子和焦糖味，最后演变成可可和丁香的味道。

口感：细腻醇厚，味道完美平衡。浓郁香甜，带有无花果、枣子、奶油硬糖和丁香的复杂味道，伴着淡淡的黑巧克力的味道。

余味：味道温和，可口持久。

推荐饮用方式：直接饮用，搭配巧克力或上校鸡尾酒。

DON
Q
AÑEJO
40 % Vol.
PUERTO

唐Q陈酿朗姆酒
（Don Q Añejo）

原产国：波多黎各
生产商：塞拉莱斯酒厂
酒精度：42%
容量：70 cl
类型：混合朗姆酒

生产过程：用多柱蒸馏器蒸馏出淡香型朗姆酒，用单柱蒸馏器蒸馏出浓香型朗姆酒，然后将酒置于先前存放过波旁威士忌的无梗花栎橡木桶中陈酿3～8年，最后进行混合。

1861年，唐·Q·塞拉莱斯在一个叫作“梅塞蒂庄园”的小型甘蔗种植园创立了唐Q公司，时至今日，这家拥有150多年历史的家族企业仍然屹立于世。唐Q公司挑选最好的糖蜜，使用来自伊纳博姆河的纯净水，并按照产品规范的要求，在波多黎各蒸馏和陈酿自己的朗姆酒。该公司有两大特色：蒸馏工厂的生态可持续性，以及只生产波多黎各朗姆酒，生产过程中不添加任何糖、芳香物、甘油、香料或糖浆。此外，根据产品规格的要求，所有的朗姆酒都是在波多黎各蒸馏和陈酿的。1954年，圣胡安的卡里贝希尔顿酒店（Caribe Hilton）推出了一款名为Piña Colada的鸡尾酒，给了公司创造这款酒的灵感。该公司选择用两种不同的蒸馏器蒸馏朗姆酒，然后在美洲无梗花栎白橡木桶中陈酿，酿制过程中不添加任何其他成分，使得这款朗姆酒以干净优雅而闻名。

品鉴记录

色泽：淡琥珀色。

香气：强烈的香味，从肉桂的甜辣味到胡椒的辛辣味，演变成成熟的榛子、香草、可可味，最后变为干果和糖蜜的味道。

口感：口感柔顺、圆润，回味中有糖蜜、香草的味道，与香草一起，使酒香柔和，减少刺激。

余味：味干，芳香，持久。

推荐饮用方式：直接饮用，配上一支San Cristobal de La Habana El Principe Minutos雪茄，或是和Don Q水晶朗姆酒一起，用来调制印度洞穴鸡尾酒。

CASA
EXTRA
VIEJO
RON

布鲁加尔极品陈酿
（Brugal Exra Viejo）

原产国：多米尼加共和国
生产商：艾丁顿集团和布鲁加尔家族
酒精度：38%
容量：70 cl
类型：朗姆酒

生产过程：在连续柱式蒸馏器中进行两次蒸馏，然后将蒸馏酒置于先前存放过波旁威士忌的美洲无梗花栎白橡木桶和以前存放过雪莉酒的西班牙无梗花栎红橡木桶陈酿至少8年。

布鲁加尔家族与多米尼加共和国之间的纽带始于五代人之前的1888年，当时唐·安德烈斯（Don Andres）创办了这家酿酒厂。从过去到现在，该家族一直生产朗姆酒，从原材料的选择到装瓶，整个生产过程都在多米尼加共和国进行。拉罗马纳和圣佩德罗糖厂为酿酒厂提供糖蜜，而用于生产糖蜜的甘蔗则全部来自多米尼加当地8000万平方米的种植作物。在连续柱式蒸馏器中蒸馏两次后，蒸馏出的液体酒精度仍有95%，随后慢慢降低，最后必须在木桶中放置至少一年才能酿成朗姆酒。在陈酿过程中，调酒大师贾西尔和古斯塔沃发挥着决定性作用。他们负责检查美洲无梗花栎白橡木波旁酒桶和西班牙无梗花栎红橡木雪莉酒桶陈酿出的蒸馏酒能否完美融合。蒸馏厂的部分能源需求由生物燃料来满足，这种生物燃料是利用蒸馏过程中产生的废物所得，大大减少了二氧化碳的排放。

品鉴记录

色泽：深琥珀色，明亮透明。

香气：这是一曲以木材为基调的自然元素的交响乐，随后是干果、杏仁、可可、香草、橘子皮、焦糖和糖蜜的香气。

口感：优雅的香草，焦糖和蜂蜜的味道，伴随着一丝辛辣和纯可可的味道。

余味：在最初的温暖气息之后，淡淡的甜椒味持久萦绕。

推荐引用方式：直接饮用。

OLIVER
AÑOS
15
SOLERA
PRESIDENTE
PATRIA Y LIBERTAD
RON
MÉTODO
SOLERA
AÑEJADO,
FORMULADO Y
EMBOTELLADO EN
REP. DOMINICANA
700
ml.
40°
GL
OLIVER`S JOSÉ MARTI

马蒂总统15年陈酿索莱拉（Presidente Marti 15 Años Solera）

原产国：多米尼加共和国
生产商：奥利弗&奥利弗
酒精度：40%
容量：70 cl
类型：手工朗姆酒

生产过程：通过连续柱式蒸馏器分几个阶段进行蒸馏，陈酿分两步：先置于新的法国无梗花栎橡木桶中，然后转移到先前存放过佩德罗·西门尼斯雪莉酒的桶中陈酿15年。

这款朗姆酒起源于古巴的奥利弗家族，这个家族目前定居在多米尼加共和国。何塞·马蒂·朱利安·佩雷斯是19世纪中叶古巴独立运动的政治家、作家和领导人。如今，他被认为是古巴最伟大的民族英雄之一。他最著名的作品之一是一首简单的诗，这首诗为古巴最受欢迎的歌曲之一“关塔那摩”的歌词创作提供了灵感。这首浪漫的波莱罗小夜曲是献给关塔那摩的一个农家女孩的，歌词描写的故事发生在19世纪末，当时正值西班牙殖民地争取独立斗争的高潮。酒厂先对甘蔗汁和浓缩糖浆制成的发酵液进行手工蒸馏，然后利用索莱拉系统，让蒸馏酒在不同类型的木桶中经历多个阶段陈酿。首先将朗姆酒放入新的法国无梗花栎橡木桶中，使其具有辛辣的成分和单宁酸；然后转移到先前存放过佩德罗西门尼斯雪莉酒的桶中陈酿。随着时间的推移，残留的葡萄酒与朗姆酒混合，赋予这款朗姆酒特有的色泽和果香。不同陈酿朗姆酒的混合和陈酿技术的结合，使这款朗姆酒口感丝滑而深邃。

品鉴记录

色泽：淡红褐色带着琥珀色。

香气：气味强烈，香味持久，有焦糖和水果的味道。

口感：丰富、饱满、和谐，有一丝淡淡木香。

余味：在最初的温暖气息之后，淡淡的甜椒味持久萦绕。

推荐引用方式：直接饮用或搭配古巴雪茄。

ADMIRAL RODNEY
G B Rodney
RODNEY BAY, ON THE WEST OF ST. LUCIA, IS NAMED IN HONOUR OF THE VISIONARY ADMIRAL, SIR GEORGE BRYDGES RODNEY, WHO FAMOUSLY "BROKE THE LINE" AND VANQUISHED THE FRENCH FLEET AT THE BATTLE OF THE SAINTS ON APRIL THE 12TH
1782
ADMIRAL RODNEY
EXTRA OLD ST. LUCIA RUM
THE BATTLE OF THE SAINTS
BLENDED & BOTTLED IN ST. LUCIA BY
ST. LUCIA DISTILLERS LTD., CASTRIES, ST. LUCIA, W.I.
70 cl e

圣卢西亚罗德尼海军上将朗姆酒
（Admiral Rodney St.Lucia Rum）

原产国：圣卢西亚
生产商：圣卢西亚酒厂
酒精度：40%
容量：70 cl
类型：极品陈酿朗姆酒
生产过程：进行连续蒸馏，接着置于先前用于波旁威士忌的美洲无梗花栎橡木桶中陈酿12年，最后进行调配。

罗德尼海军上将朗姆酒是为了纪念1782年在圣徒之战中击败法国舰队的英国海军上将。自1972年以来，圣卢西亚小酒厂在美丽的加勒比海圣卢西亚岛上生产的朗姆酒一直极富盛名，在延续了英国最重要的朗姆酒生产传统的同时，尝试着新的蒸馏方法。酒厂先用野生酵母对放置在开口大桶中的糖蜜进行长时间的发酵，然后利用现代的柱式蒸馏器和传统的间歇式蒸馏器进行蒸馏，最后将蒸馏酒置于先前存放过波旁酒、雪莉酒或白兰地的美洲无梗花栎橡木桶中陈酿。不同蒸馏器的结合，多种橡木桶的搭配，使得朗姆酒香气浓郁，达到完美平衡，因此闻名于世。每一批罗德尼海军上将朗姆酒均需在先前存放过占边（Jim Beam）或杰克丹尼威士忌的美洲无梗花栎橡木桶中进行陈酿。目前，陈酿期为12年左右，但酒厂计划在未来延长至15年。当酿酒师确定朗姆酒陈酿完成时，从酒厂中取出陈酿时间更长的朗姆酒与之混合，最后进行装瓶，以制出世界上最好的朗姆酒之一。

品鉴记录

色泽：明亮的琥珀色带着明显的红褐色。

香气：混合着蜂蜜、李子、葡萄干和烤无梗花栎橡木的甜美果香。

口感：浓郁、复杂，焦糖和香草中略有香料和巧克力的味道。

余味：浓淡适宜，余韵悠长。

推荐引用方式：直接饮用。

EST. 1824
ANGOSTURA
CARIBBEAN RUM
1919
FROM THE HOUSE OF ANGOSTURA
• PREMIUM GOLD RUM •
DELUXE AGED BLEND
PRODUCT OF TRINIDAD & TOBAGO
40% Vol./40% Alc./Vol.
70cl/700ml℮

安格斯图拉1919
（Angostura 1919）

原产国：特立尼达和多巴哥
生产商：安格斯图拉
酒精度：40%
容量：70 cl

类型：金朗姆
生产过程：利用柱式蒸馏器进行蒸馏，再置于先前存放过波旁威士忌的木桶中陈酿至少8年，进行调配时陈酿年份最短的朗姆酒也要8年。

安格斯图拉家族的历史可追溯到1824年，当时委内瑞拉军队的德国医生约翰·戈特利布·本杰明·西格特发明了一种名为“芳香的苦涩”的芳香草本混合物。后来这种产品以安格斯图拉苦酒闻名于世。毫无疑问的是，安格斯图拉一直以来因苦酒而为人所知，但如今他的朗姆酒同样出名。这些正宗的加勒比风味朗姆酒由高质量的糖蜜酿制，并使用酒厂自产的酵母进行发酵。在蒸馏大师约翰·乔治的专业指导下，酒厂使用柱式蒸馏器进行蒸馏，然后置于先前存放过波旁威士忌的无梗花栎橡木桶中陈酿，最后进行调配。这就是安格斯图拉1919的制作方法，由不同年份的朗姆酒混合而成，这些朗姆酒需要在特立尼达和多巴哥的气候中陈酿至少8年。1932年的一场大火几乎烧毁了政府朗姆酒债券（Government Rum Bond），但当时1919年份的朗姆木桶被救出，这款朗姆酒便因此得名。从此这种混合朗姆酒以1919为人所知，安格斯图拉决定沿用这个名字。

品鉴记录

色泽：澄清的金色。

香气：最初以香草味为主，然后化成焦糖、蜂蜜和黄油味，接着是熟杏、香蕉、红糖和糖蜜的香味。最后由蜜橘和甜香料的味道，演变成牛奶巧克力味，味道醇和。

口感：初尝时酒体中等，味干，有橘子和淡淡的烟草混合味道，然后是香草、黄油、肉桂和香蕉巧克力的味道。味道并不杂，反而优雅愉悦。

余味：不够持久，回味优雅，有巧克力、甜香料、橘子和烟草的味道。

推荐饮用方式：直接饮用或用来调制鸡蛋鸡尾酒。

外交官精选珍藏朗姆酒
（Diplomático Reserva Exclusiva）

原产国：委内瑞拉
生产商：联合酒厂
酒精度：40%
容量：70 cl
类型：混合朗姆酒

生产过程：将60种不同的朗姆酒在旧式的铜制壶式蒸馏器中蒸馏出浓香型朗姆酒，用于最后成品的80%；从柱式蒸馏器中间歇蒸馏出的酒体中等和淡朗姆酒则用于成品的20%。接着置于先前存放过波旁威士忌和麦芽威士忌的小无梗花栎橡木桶中陈酿至多12年，最后进行调配。

联合酒厂成立于1959年，酒厂位于安第斯山脚下，在巴基西米托镇附近大片肥沃的农田里。巴基西米托镇位于拉腊州，是最负盛名的甘蔗种植地。小镇靠近特雷佩马国家公园（Terepaima National Park），酒厂一般从公园50～60米的深井中取用酿酒的水。20世纪90年代末，一批委内瑞拉企业家在何塞·拉斐尔·巴列斯特罗斯（José Rafael Ballesteros）的帮助下买下了这家酿酒厂和种植甘蔗的土地，此时巴列斯特罗斯家族已经在朗姆酒行业拥有一家重要公司。精选珍藏朗姆酒（Reserva Exclusiva）是外交官（Dipolatico）系列的标志性产品，得名于唐·胡安乔·涅托·门德斯（Don Juancho Nieto Mendelez）。唐·胡安乔·涅托·门德斯从19世纪末便开始疯狂的收集烈酒，他喜欢购买烈酒并与朋友分享，于是这个收集被称为“大使的珍藏”。这款朗姆酒用最纯正的甘蔗蜜（浓缩甘蔗汁）和少量的糖蜜制成，酿制过程结合了各种蒸馏技术和特殊的陈酿方式，酒体丰满，调配达到完美平衡，口感优雅复杂，因此而为人们熟知。这款朗姆酒由在酒厂工作了几十年的蒸馏大师蒂托·科德罗创造，他以近乎疯狂的严谨确保了朗姆酒卓越的品质。

品鉴记录

色泽：琥珀色中带有明显的金色。

香气：橘子皮，成熟水果，巧克力，枫糖浆，肉桂，核桃和甘草的混合气味。

口感：先是太妃糖、熟香蕉和橘子的香味，接着是核桃和榛子的味道。回味中有黑巧克力与肉豆蔻和红糖的混合味道。

余味：持久诱人。

推荐饮用方式：直接饮用，搭配可可含量在90%～100%的黑巧克力或雪茄。

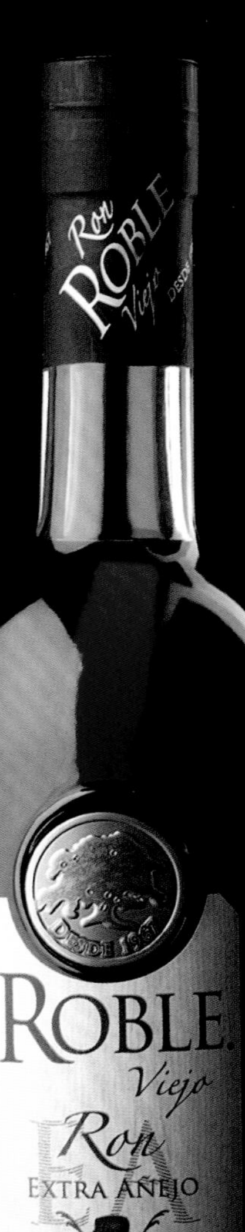
Ron
ROBLE
Viejo
ROBLE.
Viejo
Ron
EXTRA AÑEJO
Importado por:
Distribuidora del Caribe Cabega SL
Calle Azucenas Nro.12, Local 2
28039 Madrid, España.
info.cabega@gmail.com

西班牙橡木顶级陈酿
（Roble Viejo Extra Añejo）

原产国：委内瑞拉
生产商：联合酒厂
酒精度：40%
容量：70 cl
类型：西班牙朗姆酒

生产过程：用5柱蒸馏器进行蒸馏，再置于先前存放过波旁威士忌的美洲无梗花栎橡木桶中陈酿8年，最后与8～12年的陈酿朗姆酒进行调配。

橡木朗姆酒由化学工程师乔治·梅利斯（Giorgio Melis）创造生产。1967年，在对庞贝罗朗姆酒（Pampero rum）进行了26年的蒸馏和陈酿后，有着50多年朗姆酒生产经验的乔治·梅利斯决定放弃原来的品牌，成立一家专门从事甘蔗蒸馏酒陈酿、组装和销售的公司委内瑞拉陈酿朗姆酒厂。他用灵感和奉献精神生产了西班牙橡木顶级陈酿（Roble Viejo Extra Anejo）和西班牙橡木超级陈酿（Roble Viejo Ultra Anejo）等知名产品，这些产品都在旧的佩德罗–希梅内斯（Pedro Ximenes）雪莉酒桶中陈酿了12年，用来调配的朗姆酒也必须是相同年份的。顶级陈酿以甘蔗糖蜜为原材料，利用5柱蒸馏器进行蒸馏，这样可以只保留蒸馏出的“酒心”。接着将蒸馏酒置于先前存放过波旁威士忌的无梗花栎橡木桶中陈酿至少8年，陈酿时酒不必倒满木桶。最后从置于先前存放过波旁威士忌或是苏格兰威士忌的无梗花栎橡木桶中，挑选出陈酿了8～12年的朗姆酒，用于调配。

品鉴记录

色泽：琥珀色中带有明显的红褐色。

香气：略带香草和肉桂之类的甜香料味，接着是浓浓的焦糖味。

口感：口感浓郁，个性十足。

余味：带有香草味以及一丝辛辣，回味持久。

推荐饮用方式：直接饮用，或加入苏打水，也可搭配哈伯纳斯（Habanos）雪茄和巧克力。

“异域风情”朗姆酒

日本龙马朗姆酒7年陈酿（Ryoma Rhum Japonais Vieilli 7 Ans）

沙瓦纳芳香隆坦白朗姆酒（Savanna Grand Arome Lontan Blanc）

香草德扎马10年陈酿（Vanilla Dzama Vieux 10 Ans）

12年神秘萃取陈酿（The Arcane Extraroma 12 years old）

圣奥宾优质白朗姆酒（Saint Aubin Premium White Rum）

在这一部分，我们将介绍几款代表异域风情的品牌：从马达加斯加到毛里求斯，从留尼汪到日本，在当地人的创造下，这些地方的甘蔗被酿成了别具风情的朗姆酒。菊水修造（Kikusui Shuzo）酿酒厂生产出了龙马朗姆酒（Ryoma Rhum），这款朗姆酒以甘蔗汁为原料，需要在美洲无梗花栎橡木桶中陈酿7年，龙马朗姆酒得名于日本武士坂本龙马（Sakamoto Ryoma），这位武士的出生地便是酒厂的所在地，他在明治维新中发挥了重要作用。在留尼汪岛的沙瓦纳（Savanna）酒厂生产了芳香白朗姆酒（Grand Arome），这是一种经过长时间发酵的朗姆酒，能够唤醒人们对18世纪手工产品的记忆。在马达加斯加岛上，香草德扎马（Vanilla Dzama）以10年陈酿期为人们所知，酿制中需要加入一整个香草荚调味。最后，我们介绍了两种来自毛里求斯的甘蔗汁朗姆酒：神秘萃取陈酿（Arcane Extraroma），这款酒需要使用索莱拉系统在含有低单宁量的木桶中陈酿12年；圣奥宾优质白朗姆酒（Saint Aubin Premium White Rum），取酒心酿制，由在岛屿南部一家具有生态理念的工厂生产。

RYOMA
Rhum Japonais
Vieilli 7 ans / Fût de chêne
黒糖酒
さとうきびのお酒
70cl 40% vol

日本龙马朗姆酒 7年陈酿
（Ryoma Rhum Japonais Vieilli 7 Ans）

原产国：日本
生产商：菊水修造（Kikusut Shuzo）
酒精度：40%
容量：70 cl
类型：朗姆酒
生产过程：在蒸馏器中进行间歇蒸馏，再置于美洲无梗花栎橡木桶中陈酿。

菊水修造（Kikusui Shuzo）酿酒厂位于日本列岛南部四国岛的高知县。甘蔗种植遍布日本，特别是高知县，自20世纪初便因高品质的甘蔗而为闻名。这款朗姆酒受日本武士坂本龙马（Sakamoto Ryoma）的启发而得名，这位武士出生于高知县，在末幕时期为推翻德川幕府，迎接明治维新发挥了重要作用。在掌握了日本酿酒技术的基础上，菊水修造（Kikusui Shuzo）决定用自己的种植园来酿制朗姆酒。这种朗姆酒采用最好的生产技术和相关设备，最重要的是完全选用新鲜甘蔗汁制成，从而酿出享有盛誉的优质朗姆酒。酒厂决定使用间歇蒸馏技术，只取最好的酒心置于美洲无梗花栎橡木桶中陈酿，以便于在最后的调配阶段控制产品的质量。

品鉴记录

色泽：稻黄色。

香气：打开时以玫瑰的清香为主，逐渐演变成甘蔗汁为基础的朗姆酒、香草、芒果、百香果的典型香气，接着是蜂蜜、榛子和白松露的香味。

口感：口感圆润、甜美又细腻，巧克力、杏子味混合着姜的辛辣味，非常复杂。

余味：绵长、持久、诱人。

推荐饮用方式：直接饮用。

沙瓦纳芳香隆坦白朗姆酒（Savanna Grand Arome Lontan Blanc）

原产国：留尼汪（法属）
生产商：沙瓦纳酒厂
酒精度：40%
容量：70 cl
类型：传统朗姆酒

生产过程：用不超过2柱的蒸馏器对糖蜜进行蒸馏，再置于先前存放过干邑白兰地和卡尔瓦多斯苹果白兰地的400升法国木桶里陈酿。

留尼汪火山岛与安的列斯群岛一样，是法国的海外领土，位于印度洋南半球，马达加斯加以东。留尼汪岛拥有茂盛的野外植被，是一个产糖大区，有三个大型的精炼厂。沙瓦纳是世界上唯一一家在用甘蔗酿制朗姆酒的过程中，同时生产出甘蔗汁和糖蜜这两种原材料的酒厂。沙瓦纳在传统酒的基础上，用糖蜜酿制出香气浓郁的朗姆酒。酿制时，先将糖蜜发酵一周以上，这样能够得到大量可以产生香气的非酒精物质，它们是朗姆酒产生香味的原因之一。酿酒大师劳伦特·布罗克是沙瓦纳酒厂的主心骨，也是世界上最伟大的朗姆酒专家之一，因为他熟知所有的朗姆酒类型，并为此进行各种各样的试验。劳伦特还完善了陈酿过程，他设计和建造一个管道和阀门的结构，连接所有装有新酿朗姆酒的木桶，以便在前18个月内经常将液体转移到大桶中，从而平衡酒量，进行通风。劳伦特大约有1000个平均容量为400升的法国木桶用来存放陈酿朗姆酒，他还管理着几十个先前存放过干邑、波尔特、马德拉、雪莉酒、麝香葡萄酒和卡尔瓦多葡萄酒的酒桶。他用这些酒在最后一步（有时需要花很长时间）调配各种朗姆酒，创造出几十种极其独特的组合。最后他将这些酒装在一个小桶里，限量出售。

品鉴记录

色泽：清澈明亮。

香气：香味繁多，散发着橘子花、枣子、无花果干的芳香，还略带栗子蜜、核桃和香草的清香。

口感：口感圆润，回味悠长。

余味：回味丰富而有冲击力，花香中透着咸味。

推荐饮用方式：直接饮用，或配上雪茄。

香草德扎马10年陈酿

（Vanilla Dzama Vieux 10 Ans）

原产国：马达加斯加
生产商：维扎尔
酒精度数：43%
容量：70 cl

类型：陈酿朗姆酒
生产过程：在单柱蒸馏器中进行连续蒸馏，不添加任何人工添加剂，再置于先前存放过威士忌的木桶中陈酿10年。

1980年，卢西恩·福因（Lucien Fohine）迷上了马达加斯加和它的香气，于是他决定创造一种朗姆酒，来传递被称为“香气之岛”的诺西贝岛的香气和味道。他使用的生产工艺受到干邑白兰地文化（因为他知道甘蔗生长地的重要性）和苏格兰木桶加工艺术（即在特定的木桶中进行二次陈酿）的影响。卢西恩选择在扎马扎尔（Dzamadzar）制糖厂/酿酒厂酿制他的朗姆酒，该厂于1929年在诺西贝岛建立，选择批次和收割区的甘蔗酿酒，这些收割区的周围是当地其他的植物种植园，如备受赞誉的马达加斯加香草、丁香、依兰依兰和胡椒。这些植物的香气对朗姆酒产生了积极的影响，开瓶时香气扑鼻。这点并非巧合，因为这与葡萄酒的原理一样：把葡萄酒倒入杯中时，也会散发出葡萄园附近种植的水果的香味。岛上的火山土壤的矿化作用对朗姆酒生产也有着重要作用。如今，德扎马朗姆酒是德扎马公司在塔那那利佛最重要的品牌，这家公司在马达加斯发展也非常迅猛。自1996年以来，公司一直由卢西恩的儿子弗兰克·福因经营，他一直致力于传播这个独特的国家文化。这款朗姆酒以糖蜜为原材料，酿制出口感浓郁的朗姆酒。这款朗姆酒需要在先前存放过苏格兰威士忌的无梗花橡木桶中陈酿；装瓶之前，蒸馏液要经过不同的过滤器过滤五次，以去除所有杂质；最后，把一个香草荚放进瓶子里。

品鉴记录

色泽：琥珀色偏红褐色。

香气：开始是明显的香草味，伴随着焦糖、香蕉和巧克力的浓香。

口感：初尝很顺滑，很圆润，随后有一种明显的醇厚感，并伴有香草和红梅的烘烤味。

余味：柔和而持久。

推荐饮用方式：直接饮用。

SOLERA AGED
12
YEARS OLD
PURE CANE RUM

The
ARCANE
art of pure fresh cane
MAURITIUS
ISLAND

EXTRAROMA
A SMOOTH AND AROMATIC PURE CANE RUM
GRAND AMBER RUM

12年神秘萃取陈酿
（The Arcane Extraroma 12 years old）

原产国：毛里求斯

生产商：欧德伟酿酒厂

酒精度：41%

容量：70 cl

类型：琥珀朗姆酒

生产过程：使用索莱拉系统陈酿12年，在低单宁含量的无梗花栎橡木桶中陈酿，避免掩盖新鲜甘蔗的味道。

两个多世纪以来，位于印度洋西南岸的岛国毛里求斯一直被认为是一个特别适合种植甘蔗、生产朗姆酒和糖的地方。频繁的降雨、群岛的火山土质、丰富的矿物质以及肥沃的土壤之间达成了一种平衡，为甘蔗的种植提供了理想的环境。神秘萃取朗姆酒是岛上的甘蔗、纯净的甘蔗汁和优秀酿酒大师蒂博·德拉富涅尔（Thibault de la Fourniere）的艺术的完美结合。这款琥珀朗姆酒混合了陈酿和新酿的朗姆酒，采用索莱拉系统，在轻微烘烤过的美洲橡木桶中陈酿12年，以避免掩盖甘蔗的清新气息。它既融合了甘蔗的鲜甜和丝滑的香气，同时又具有陈酿朗姆酒的复杂口感。这种朗姆酒的独特之处在于其令人难以置信的丰富芳香——来自毛里求斯甘蔗特有的品质。深色的方形瓶子（用于装白朗姆酒的透明玻璃瓶）被用来保护里面珍贵的花蜜。标签的设计融合了黑色、金色的细节和薄荷绿的触感，突出了朗姆酒的魔力和神秘感，传递了蒂博·德拉富涅尔（Thibault de la Fourniere）的视觉艺术。

品鉴记录

色泽：深琥珀色。

香气：气味丰富，带有异国水果和糕点的浓香，伴随着新鲜甘蔗的味道；朗姆酒独有的果汁香气，融合着索莱拉系统陈酿后的辛辣味道。

口感：柔顺、丰富，带有香蕉和椰子等奇异水果的味道，软化后变成巧克力、香草和干果的口感。

余味：辛辣、持久。

推荐饮用方式：直接饮用。

SAINT AUBIN
EST
1819
MAURITIUS
RUM
RHUM•RON
WHITE
PREMIUM
DISTILLED AND
BOTTLED ON THE ESTATE
OF SAINT AUBIN

圣奥宾优质白朗姆酒
（Saint Aubin Premium White Rum）

原产国：毛里求斯
生产商：圣奥宾
酒精度：50%
容量：70 cl
类型：白朗姆酒
生产过程：用纯甘蔗汁制成，由传统的铜制柱式净化蒸馏器蒸馏而成。

自1819年起，圣奥宾的农场就一直种植甘蔗，甘蔗地一直延伸到毛里求斯南部起伏的山坡上。后来，农场里种上了香草，他们建了一座酿酒厂来生产朗姆酒。圣奥宾酒庄（Saint Aubin estate）的名字来就源于酒庄其中一位创始人，该酒庄生产的毛里求斯朗姆酒直接用新鲜甘蔗汁蒸馏而成。甘蔗由手工收割，然后送到加工厂，在那里先轻轻挤压榨出第一批甘蔗汁，这种甘蔗汁在毛里求斯被称为“方古林”（Fangourin）。蒸馏后，只保留蒸馏酒的酒心，然后加入纯净的泉水稀释，这种泉水来自于博伊斯·切里种植园，矿物质含量低。这里的小气候非常适合甘蔗的种植，充足的雨水和阳光，肥沃的火山土壤，再加上酒庄根深蒂固的生态理念，生产出了正宗的朗姆酒。

品鉴记录

色泽：晶莹剔透。

香气：散发着香草、蜂蜜、新鲜甘蔗汁的花系香味，又有点接近橄榄头的味道。

口感：丰富而厚重的口感，给身体带来温暖的感觉。

余味：丰富、持久。

推荐饮用方式：加冰或用来调制天鹅岛（Ilha Do Cerne）鸡尾酒。

鸡尾酒

昂斯拉库夫

（Anse la Cuve）

库巴纳坎

（Cubanacan）

巴隆・撒麦迪

（Baron Samedi）

印度洞穴

（Cueva de l'Indio）

博卡斯
德尔托罗

（Bocas del Toro）

上校

（El Coronel）

喷火山口

（Caldera）

鸡蛋

（Huevos）

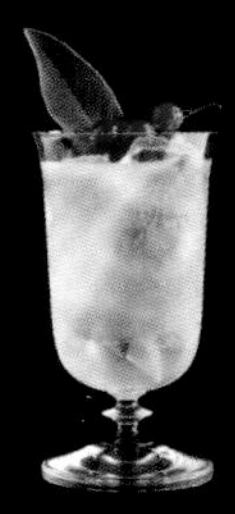

伊奇鲁甘尼

（Ichirouganaim）

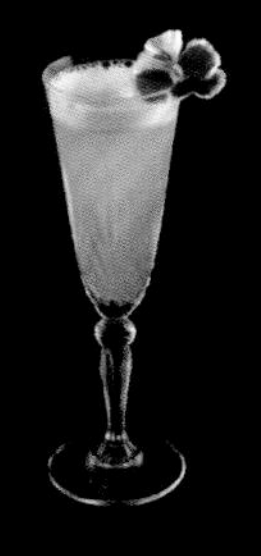

巴比龙

（Papillon）

中央岛

（Ilha do Cerne）

皇家波特

（Port Royal）

利奥博德的遗产

（Leopold Heritage）

哇哩哇哩

（Wari Wari）

纳瓦特尔

（Nahuatl）

调酒师团队：

法比奥·巴基（Fabio Bacchi）——酒吧经理

卡罗·辛布拉（Carlo Simbula）——首席调酒师

文森佐·洛萨皮奥（Vincenzo Losappio）——调酒师

亚历山德罗·因帕涅洛（Alessandro Impagnatiello）——调酒师

昂斯拉库夫
（Anse la Cuve）

配料

3 cl（1液体盎司）拉巴特神父59（Père labat 59）
1 cl（0.3液体盎司）柔和龙舌兰酒（Mezcal Illegal Joven）
0.5 cl（0.15液体盎司）哈巴内罗柠檬马鞭草酒（Habanero cordial-lemon verbena）
2 cl（0.6液体盎司）好奇罗莎利口酒（Cocchi Rosa）

方法：调和和滤冰　酒杯：玛格丽特杯
装饰：柠檬皮扭条

制作过程

把配料放在搅拌杯里。
轻轻搅拌，加入冰块，再次搅拌。
将酒倒入鸡尾酒杯，挤压杯顶的柠檬皮扭条，
使酒里滴入必要的柠檬油。

印度洞穴
（Cueva de l’Indio）

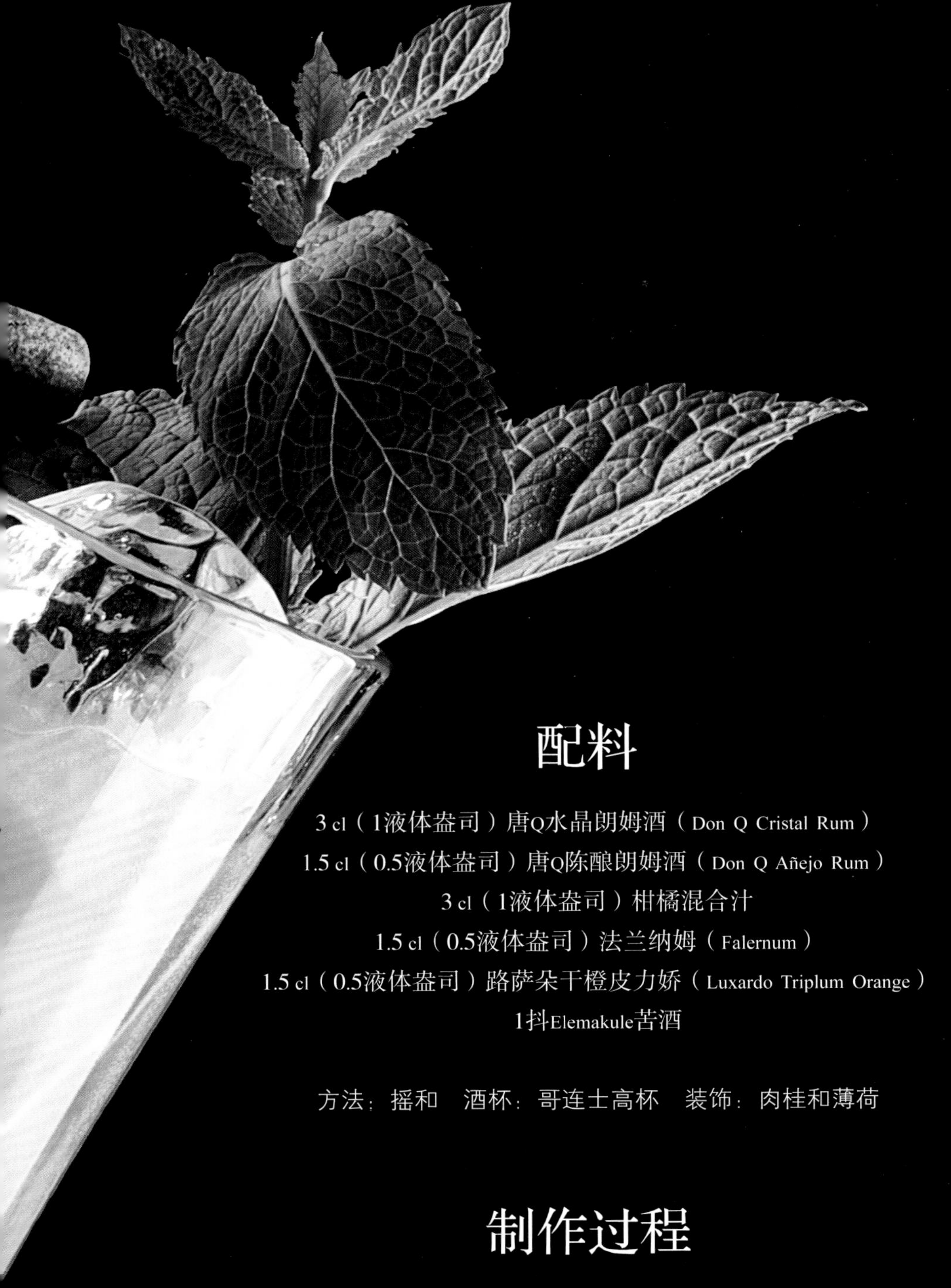

配料

3 cl（1液体盎司）唐Q水晶朗姆酒（Don Q Cristal Rum）

1.5 cl（0.5液体盎司）唐Q陈酿朗姆酒（Don Q Añejo Rum）

3 cl（1液体盎司）柑橘混合汁

1.5 cl（0.5液体盎司）法兰纳姆（Falernum）

1.5 cl（0.5液体盎司）路萨朵干橙皮力娇（Luxardo Triplum Orange）

1抖Elemakule苦酒

方法：摇和　酒杯：哥连士高杯　装饰：肉桂和薄荷

制作过程

把所有的配料放入摇壶，

搅拌，加入冰块摇晃。

将酒倒入装满冰块的哥连士高杯。

用肉桂枝和新鲜的薄荷叶装饰。

上校
（El Coronel）

配料

4 cl（1.3液体盎司）15年百万朗姆酒（Ron Millonario 15 Años）

1 cl（0.3液体盎司）加入青柠叶的皮斯科酒

2抖苦精

2 cl（0.6液体盎司）红色坎帕尼亚味美思（Red Vermouth Macchia）

方法：调和和滤冰

酒杯：香槟杯

装饰：八角茴香

制作过程

把配料放在搅拌杯里，轻轻搅拌，加冰块，

再次搅拌，将酒倒入香槟酒杯，在杯子里添一块冰块。

用八角茴香装饰。

鸡蛋（Huevos）

配料

2.5 cl（0.85液体盎司）黄柚汁

2 cl（0.6液体盎司）巴拉格马沙拉糖浆（Parang Masala syrup）

5 cl（1.7液体盎司）安格斯图拉1919（Angostura 1919）

方法：摇和　酒杯：香槟杯

装饰：覆盆子、薄荷

制作过程

把所有的配料放入摇壶，
搅拌，加入冰块摇晃。
将酒倒入香槟杯，
用覆盆子和薄荷叶装饰。

伊奇鲁甘尼
（Ichirouganaim）

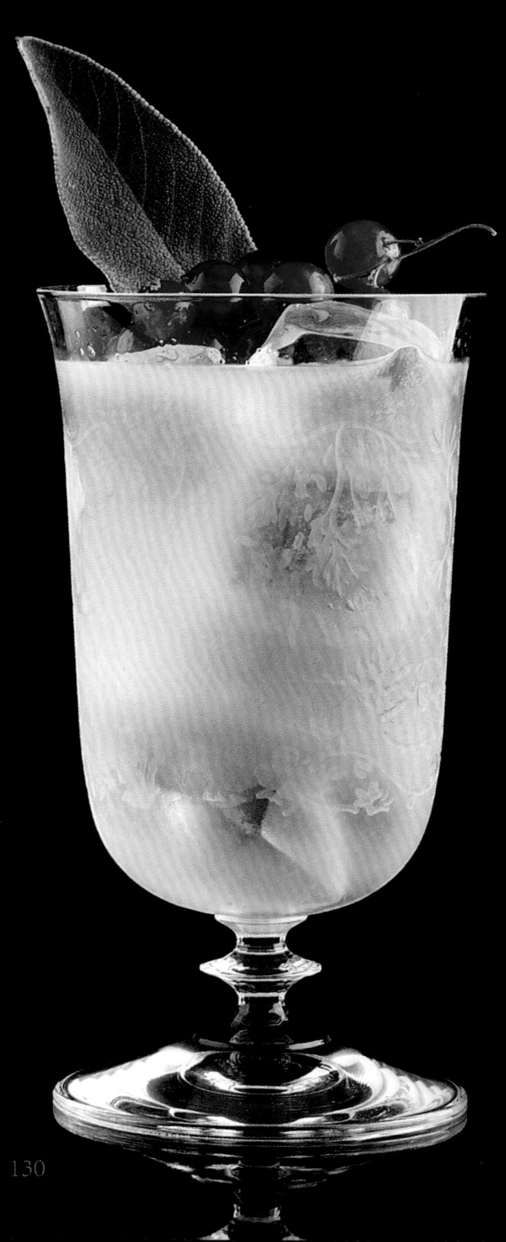

配料

2.5 cl（0.85液体盎司）青柠汁

1 cl（0.3液体盎司）凯珊 波旁桶

（Mount gay Black Barrel）

4 cl（1.3液体盎司）盖伊银色朗姆酒

（Mount Gay Silver）

1.5 cl（0.5液体盎司）丹参鼠尾草汁

（Dan Shen sage syrup）

0.5 cl（0.15液体盎司）植物学家金酒

（Botanist Gin）

方法：摇和

酒杯：老式杯

装饰：鼠尾草叶和红醋栗

制作过程

把所有的配料放入摇壶，
搅拌，加入冰块摇晃。
将酒倒入装满冰块的老式杯，
用鼠尾草叶和一枝红醋栗装饰。

中央岛
（Ilha do Cerne）

配料

3 cl（1液体盎司）圣奥宾白朗姆
（Saint Aubin White Rum）
2.5 cl（0.85液体盎司）青柠汁
2 cl（0.6液体盎司）糖浆
1.5 cl（0.5液体盎司）弗兰吉利口酒
（Arangiu Liqueur）
顶部倒入：IPA啤酒

方法：摇和
酒杯：葡萄酒杯
装饰：黑莓

制作过程

把除啤酒外的所有配料放入摇壶，
搅拌，加入冰块摇晃。
将酒倒入装满冰块葡萄酒杯，
从顶部倒入啤酒，
最后用一串黑莓装饰。

利奥博德的遗产
（Leopold Heritage）

配料

2 cl（0.6液体盎司）雷曼尼百岁特调白朗姆酒
（Reimonenq Cuvée Spéciale Blanc Centenaire 50°）
1.5 cl（0.5液体盎司）白芙蓉浓缩酸橙汁（white hibiscus and lime cordial）
2.5 cl（0.85液体盎司）卡瓦尔多斯苹果白兰地（Calvados Dupont Hors d'Age）
1 cl（0.3液体盎司）路比波特酒（Ruby Port）

方法：调和和滤冰
酒杯：鸡尾酒杯
装饰：迷迭香

制作过程

把配料放在搅拌杯里。
轻轻搅拌，加入冰块，再次搅拌。
将酒倒入鸡尾酒杯，
用一枝迷迭香装饰。

配料

5 cl（1.7液体盎司）伯特兰珍藏白朗姆酒
（Botran Reserva Blanca）
0.75 cl（0.25液体盎司）玉米糖浆和皮卡马斯酱
1.5 cl（0.5液体盎司）苦艾酒-巴萨米科-
迪摩德纳-托马索-阿格尼尼
（Vermouth all'Aceto Balsamico di Modena PGI Tomaso Agnini）

方法：摇和
酒杯：鸡尾酒杯
装饰：边缘撒上不加糖的可可粉

制作过程

把所有的配料放入摇壶，
搅拌，加入冰块摇晃。
将酒倒入事先在边缘撒上不加糖
可可粉的鸡尾酒杯，冷却。

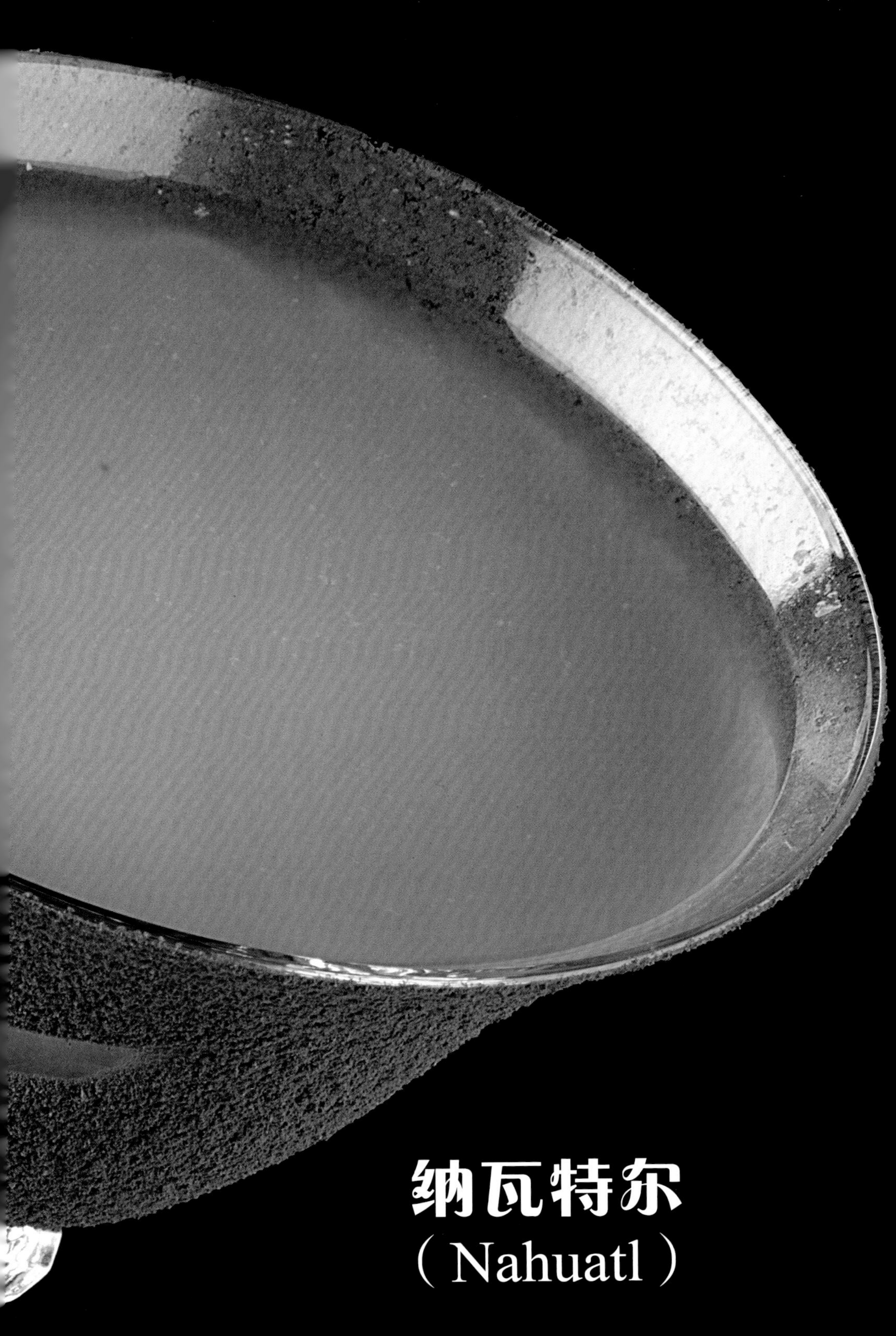

纳瓦特尔

（Nahuatl）

巴比龙
（Papillon）

配料

2.5 cl（0.85液体盎司）三河 海洋特酿
（Trois Rivières Cuvée de l'Ocean）
1.5 cl（0.5液体盎司）桃子百香果酱
（peach and passion fruit puree）
顶部倒入：普西哥酒（Prosecco）

方法：摇和
酒杯：香槟杯
装饰：可食用花卉

制作过程

把除普西哥酒之外的所有配料放入摇壶，
搅拌，加入冰块摇晃。
将酒倒入香槟杯中，从顶部倒入普西哥酒，
用一朵可食用花装饰。

皇家波特
（Port Royal）

配料

1.5 cl（0.5液体盎司）沃西帕克庄园 朗姆酒吧高浓度白朗姆酒（Worthy Park Rum-Bar White Overproof）

3 cl（1液体盎司）马德拉斯（Madras）

3 cl（1液体盎司）宝格白色朗姆酒（Brugal Blanco）

1 cl（0.3液体盎司）烈性啤酒糖浆（Stout beer syrup）

1 cl（0.3液体盎司）瓦内利摩卡咖啡利口酒（Varnelli Moca coffee liqueur）

2抖鲍勃的姜汁苦酒（Bob's ginger bitters）

方法：摇和

酒杯：平底玻璃杯

装饰：鲜百里香、肉桂

制作过程

把所有的配料放入摇壶，搅拌，加入冰块摇晃。将酒倒入装满冰块的平底玻璃杯。用百里香叶和肉桂枝装饰。

哇哩哇哩
（Wari Wari）

配料

5 cl（1.7液体盎司）萨弗拉大师21年珍藏朗姆酒（Zafra Master Reserve 21 Años）
黑砂糖块
1抖西班牙苦艾酒（Spanish bitters）
柠檬皮

方法：用冰块兑和　酒杯：老式杯
装饰：边缘撒上糖和肉桂皮，橙子干

制作过程

将糖块浸泡在西班牙苦艾酒中，倒入少量的水溶解，
将酒倒入事先在边缘撒上糖和肉桂皮的老式酒杯中。
加入其他配料，搅拌，加一块冰。
从杯顶挤压柠檬皮，使酒里滴上必要的柠檬精油。

作者介绍

乔凡娜·莫尔登豪尔（Giovanna Moldenhauer）是一名从业20多年的专业记者。作为一名品酒师，她对烈酒，特别是朗姆酒的研究充满着兴趣和热情。乔凡娜通过参加各种节日活动和产品预演会来拓宽自己的知识面。她在介绍各种蒸馏酒的同时，向大家展示了一些由明星主厨提出的非凡搭配，并在此基础之上为特定的刊物撰写文章。

法比奥·佩特罗尼（Fabio Petroni）是摄影师，经常与业内最有才华的专业人士合作。法比奥专攻肖像和静物摄影，在这方面他拥有着惊人的直觉和严谨的风格。他与各大广告公司合作，参与了许多权威的知名公司的活动，其中也包括意大利的主要品牌。

法比奥·巴基（Fabio Bacchi）是意大利调酒界的知名人物，在为国际豪华酒店工作的30多年里，他掌握了自己的专业技能。

鸣 谢

感谢乔治·科蒂（Giorgro Cotti）、菲奥伦佐·德蒂（Fiorenzo Detti）、琳达·诺扎（Linda Nozza ）和皮埃特罗·佩莱格里尼（Pietro Pellegrini ）分享他们对朗姆酒世界的知识，并帮助挑选品牌；意大利葡萄酒专业杯具品牌Italesse的 Wormwood系列选择［基于吉安卡洛·曼奇诺（Giancarlo Mancino）和设计师卢卡·特雷齐（Luca Trezzi）的设计］，以及在鸡尾酒照片中使用的 Astoria、Alto-Ball、Galante和Fizz等酒杯系列。
感谢米兰和意大利鸡尾酒界顶级酒吧之一的“The Spirit Milano”调酒师团队对本书配方的构思、开发和创作。该团队成员包括卡罗·辛布拉、文森佐·洛萨皮奥、亚历山德罗·因帕涅洛和酒吧经理法比奥·巴基。
感谢以下公司：
Bolis for Zafra，Compagnia dei Caraibi，D&C SPA，Distilleria Bonaventura Maschio for Botran，Fratelli Branca Distillerie for Mount Gay，Ghilardi Selezioni，Meregalli Vino è Arte for St. Lucia，Onesti Group，Pallini SPA，Pellegrini SPA，Primalux Spirits，Rinaldi Irnportatori SPA，Rossi&Rossi for Ron Millonario，Savio Trading for Malteco，Velier.
感谢他们的公司代表：
安德里亚·博利斯和马西莫·梅利斯、玛格丽塔·瓦什托、埃德尔贝托·巴拉科、丹尼尔·博宁和法比奥·托雷塔、马可·萨法蒂、弗朗西斯科·扎拉、皮埃特罗·吉拉迪和玛丽安娜·西切里·马佐莱尼、恩里科·马格纳尼、帕斯夸尔·达米亚诺、皮埃特罗·佩莱格里尼、乔治·帕里斯、法布里齐奥·塔基和加布里埃尔·隆达尼、沃尔特·罗西、马可·萨维奥、丹尼尔·比昂迪。没有他们的帮助，这本书的出版不会如此顺利。

摄影图片

除以下几页，其他所有图片均由法比奥·佩特罗尼拍摄：

第5页：Buyenlarge/Getty　第9页：DeAgostini/Getty

第10页：DeAgostini/Getty　第13页：Bildagentur-online/UIG/Getty

第19页：Falkenstein/Bildagentur-online Historical Collect./Alamy/IPA

第20页：Charles Trainor Jr./Miami Herald/MCT/Getty

译者的话

本书介绍了朗姆酒的历史、潮流与地理环境，遴选了全世界范围内41种不同风味的朗姆酒作为实例，阐述了朗姆酒的选料、制作、品尝等过程，还诠释了用不同风格的朗姆酒作为基酒的鸡尾酒配方，内容翔实，堪为了解朗姆酒的宝典。本书由扬州大学李祥睿、周倩、陈洪华等翻译，其中参与资料收集的有李佳琪、杨伊然、许志诚、高正祥等。